农作物高产与防灾减灾技术系列丛书

一本书明白 玉米

高产与防灾减灾技术

夏来坤 乔江方 朱卫红 李 川 主编

U0321388

中原农民出版社

· 郑州 ·

图书在版编目(CIP)数据

玉米高产与防灾减灾技术/夏来坤等主编. —郑州:
中原农民出版社,2016.1(2018.5 重印)
(农作物高产与防灾减灾技术系列丛书/张新友主编)
ISBN 978 - 7 - 5542 - 1356 - 8

Ⅰ.①玉… Ⅱ.①夏… Ⅲ.①玉米 - 高产栽培 - 栽培
技术 Ⅳ.①S513

中国版本图书馆 CIP 数据核字(2015)第 316072 号

感谢国家粮食丰产科技工程支撑计划项目(2012BAD04B00)。豫南雨
养区小麦玉米两熟丰产高效技术集成研究与示范(11BAD16B07 - 4);豫南雨
养区冬小麦 - 夏玉米均衡增产技术集成研究与示范(2012BAD04B07 - 3);豫
南雨养区冬小麦夏玉米丰产节水节肥关键技术集成与示范(2013BAD07B07 -
3)与公益性行业(农业)科研专项粮食作物抗灾群体优化与定向减灾技术研
究与示范(201203033)对该书出版的大力支持!

出版:中原出版传媒集团 中原农民出版社

　　(地址:郑州市经五路 66 号 电话:0371 - 65751257

　　邮政编码:450002)

网址:http://www.zynm.com

发行单位:全国新华书店

承印单位:河南安泰彩印有限公司

投稿信箱:DJJ65388962@ 163.com　　　**交流** QQ:895838186

策划编辑电话:13937196613

邮购热线:0371 - 65724566

开本:890mm × 1240mm　　　　　　　　A5

印张:8

字数:221 千字

版次:2016 年 5 月第 1 版　　　　　　**印次**:2018 年 5 月第 3 次印刷

书号:ISBN 978 - 7 - 5542 - 1356 - 8　　　**定价**:20.00 元

本书如有印装质量问题,由承印厂负责调换

序

农业是人类的衣食之源、生存之本。人类从诞生之日起，就始终在追求食能果腹、更好满足口舌之需。漫长的一部人类发展史，可以说就是一部与饥饿斗争的历史。即使到了今天人类社会物质财富极大丰富的时期，在地球上的许多角落，依然有大量人口处于饥饿和营养不良的状态，粮食危机的阴影始终笼罩在人类社会之上。对于我国这样一个人口众多的大国，粮食的安全问题更是攸关重大。

党的十八大以来，习近平总书记高度重视粮食问题，多次强调："中国人的饭碗任何时候都要牢牢端在自己手上"。"我们的饭碗应该主要装中国粮。""一个国家只有立足粮食基本自给，才能掌握粮食安全主动权，进而才能掌控经济社会发展这个大局。"当前，我国经济发展已经进入新常态，保障国家粮食安全面临着工业化、城镇化带来的粮食需求刚性增长、资源环境约束不断强化、国际市场挤压等诸多新挑战，保持粮食生产的良好发展态势、解决好13亿多中国人的饭碗问题，始终是治国理政的一件头等大事，任何时候都不能放松。

科学技术是第一生产力，依靠科技进步发展现代农业，是我们党一以贯之的重要方针。持续提升农作物品质和产量，保障粮食稳产增产、提质增效更是离不开农业科学技术的引领与支撑。一方面是通过推动农业科技创新，利用培育优良新品种、改进栽培生产技术等科技手段，深入挖掘农作物增产潜力，不断提高农作物单产来达到粮食总产量的提升；另一个重要的方面则是研究自然灾害以及病虫害的形成规律，找到针对性防范措施，减少各种灾害造成的损失，以此达到稳步提升产量的目的。

农作物生长在大自然中，无时无刻不受气候条件的影响，因此农业生产与气象息息相关。风、雨、雪、雹、冷、热、光照等气象条件对农业生产活动都有很大的影响。我国是一个地域广阔的农业大国，气候条件复杂多变，特别是在我国北方区域，随着温度上升和环境变化，在农业生产过程中，干旱、洪涝、冰雹和霜冻等各种自然灾害近年来发生的频次和强度明显增加。极端气候和水旱灾害的频繁发生严重威胁着粮食的稳定生产，已经是造成我国农产品产量和品质波动的重要因素，其中干旱、洪涝灾害的危害非常重，其造成的损失占全部农作物自然灾害损失的70%左右。面对频繁发生的自然灾害，生产上若是采取的防控应对技术措施不到位或者不当，会造成当季农作物很大程度减产，甚至绝收。为此，利用好优质高产稳产和防灾减灾技术进行科学种田是关键。

近年来，国家高度重视和大力支持农业科技创新工作，一大批先进实用的农业科研成果广泛应用于生产中，取得了显著成效。为了使这些新技术能够更好地服务于农业生产，促进粮食生产持续向好发展，我们组织河南省农业科学院、河南农业大学有关专家、技术人员系统地编写了"农作物高产与防灾减灾技术系列丛书"。本套丛书主要涵盖小麦、玉米、水稻、花生、大豆、芝麻、油菜、甘薯等 8 种主要粮油作物，详细阐释了农业专家们多年来开展科学研究的技术成果与从事生产实践的宝贵经验。该丛书主要针对农作物优质高产高效生产和农业生产中自然灾害的类型、成因及危害，着重从品种利用、平衡施肥、水分调控、自然灾害和病虫草害综合防控等方面阐述技术路线，提出应对策略和应急管理技术方案，针对性和实用性强，深入浅出，图文并茂，通俗易懂，希望广大农业工作者和读者朋友从中获得启示和帮助，全面理解和掌握农作物优质高产高效生产和防灾减灾技术，提高种植效益，为保障国家粮油安全做出积极贡献。

中国工程院　院士

河南省农业科学院　院长 研究员

前　言

中国是农业大国,玉米既是中国第一大粮食作物又是中国粮食增产的主力军,中国玉米种植面积和总产量仅次于美国,居世界第二位。玉米在中国分布很广,南至北纬18°的海南岛,北至北纬50°的黑龙江省黑河,东起台湾和沿海省份,西到新疆及青藏高原,都有一定种植面积。玉米在中国各地区的分布并不均衡,主要集中在东北、华北和西南地区,大致形成一个从东北到西南的斜长形玉米栽培带。根据中国玉米分布地区和种植制度的特点,结合各产区农业自然资源状况,以及玉米在谷类作物中所占的地位、比重和发展前景,把中国玉米产区划分为6个种植区,分别为:北方春播玉米区、黄淮海夏播玉米区、西南山地玉米区、南方丘陵玉米区、西北灌溉玉米区和青藏高原玉米区。

玉米生产是在了解和掌握作物生长发育、产量和品质形成规律及其与环境的关系基础上,通过田间栽培管理为作物创造可以进行良好生长发育的环境条件而进行的。其目的是为了获得高产值农产品来满足人类生存的需要。但各地环境因素复杂,生态条件各异,气候又呈周期性变化,使得玉米在生长发育过程中始终受到气候、生物、土壤等条件的影响。因此,玉米高产与防灾减灾的问题已被越来越多的学者所关注。

《玉米高产与防灾减灾技术》是以黄淮海平原夏玉米区玉米为研究对象,以该区农业自然灾害类型为单元,分析该区玉米生产的灾害类型、形成原因及防治对策等。本书共分13章,分别从我国玉米生产现状、生长发育特点、高产理论与实践、低温灾害、高温干旱、阴雨寡照、涝灾与冰雹、倒伏、营养元素缺乏诊断、病虫草害防治及农药安全使用等方面进行论述。内容详实、资料丰富,涉及内容注重基本知识、理论和技术相结合,具有较强的实用性。可面向广大农业科技工作者、农业技术人员和种粮大户,也可作为农业院校相关专业的教学参考书。

本书编写过程中参考了大量的相关文献和资料,在此谨对相关作者和编者表示感谢。本书的编写出版是全体编者和出版社编辑人员共同努力、协作的成果,全书由刘京宝研究员统稿,在此表示衷心感谢。

在编写过程中虽然尽可能收集资料,充分利用现有成果,但受编者水平所限,书中错误和疏漏之处在所难免。为使本书日臻完善,恳请同仁和读者在使用和阅读中给予批评指正。

编者

2015 年 8 月

目　录

第一章

我国玉米生产发展历程与前瞻

本章导读：本章主要介绍了我国玉米产区的分布、特点、种植制度演变及玉米生产的发展；着重介绍了 13 个玉米主产省的生产概况，并从品种更替、栽培技术的发展和玉米产业发展等方面进行了展望。

中国是世界玉米的第二大生产国,玉米分布带密集,与气候条件、种质特性以及经济因素有密切关系。从气候条件看,玉米是喜温喜湿的作物,随着中国经济发展和全球气候变暖,种植地域逐渐向北推移,在中国北纬50°的黑河地区也有早熟玉米大面积种植。但产区较为集中,主要为东北、黄淮海、西南、西北、长江中下游、华南六大产区,形成了一条从东北斜向西南的条状中国玉米分布密集生产带。生产带中的主产区为北方春播玉米区、黄淮海夏播玉米区和西南山地玉米区。

第一节
我国玉米产区分布与特点

一、我国玉米主要产区的划分

我国玉米产区辽阔,各地的土壤条件、气候条件、耕作制度、栽培特点、品种类型等都有很大差异。依据这些差异,将玉米产区分成若干区域,分区的原则和依据主要是当地农业资源特点、所处地理位置及发展历史、各地玉米种植制度、玉米在粮食作物中的地位等,因此,我国玉米主要划分为6个产区,即北方春播玉米区、黄淮海夏播玉米区、西南山地玉米区、南方丘陵玉米区、西北灌溉玉米区和青藏高原玉米区。

(一)北方春播玉米区

本区自北纬40°的渤海岸起,经山海关,沿长城顺太行山南下,经太岳山和吕梁山,直至陕西的秦岭北麓以北的地区。包括黑龙江、吉林、辽宁和宁夏的全部,内蒙古和山西的大部,河北、陕西和甘肃的一部分,是中国的玉米主产区之一。种植面积稳定在650多万公顷,占全国36%左右;总产2 700多万吨,占全国的40%左右。

北方春播玉米区属寒温带湿润、半湿润气候带,冬季低温干燥,夏季平均温度在20℃以上;≥10℃的积温,北部地区2 000℃左右,中部地区2 700℃左右,南部地区3 600℃左右;无霜期130~170天。全年降水量400~800毫米,其中60%降水集中在7~9月。此区内的东北平原地势平坦、土层深厚、土壤肥沃;大部分地区温度适宜,雨热同步,日照充足,昼夜温差大,适于种植玉米,一年一熟制,主要轮作方式有小麦 - 玉米 - 谷子、玉米 - 大豆 - 玉米,是中国玉米的主产区和重要的商品粮基地。

(二)黄淮海夏播玉米区

本区南起北纬33°的江苏东台,沿淮河经安徽至河南,入陕西沿秦岭直至甘肃省,包括黄河、淮河、海河流域中下游的山东、河南全部,河北大部,山西中南部、陕西关中和江苏省徐淮地区,是全国最大的玉米集中产区。常年播种面积占全国40%以上。种植面积600多万公顷,约占全国32%,总产约2 200万吨,占全国34%左右。

黄淮海平原夏玉米区属暖温带半湿润气候类型,气温较高,年平均气温10~14℃,无霜期从北向南为170~240天,≥0℃的积温4 100~5 200℃,≥10℃的积温3 600~4 700℃。年辐射166~460千焦/厘米^2。日照2 000~2 800小时。降水量500~800毫米,从北向南递增。自然条件对玉米生长发育十分有利。本区气温高,蒸发量大,降水过分集中,夏季降水量占全年的70%以上,经常发生春旱夏涝,而且常有风、雹、病虫等自然灾害发生,对生产不利。一年两熟制,轮作方式以小麦 - 玉米为主。

(三)西南山地玉米区

西南山地丘陵玉米区也是中国的玉米主要产区之一。包括四川、云南、贵州的全部,陕西南部,广西、湖南、湖北的西部丘陵山区和甘肃的一小部分。玉米常年种植面积占全国种植面积的20%~22%,总产占18%左右。

本区属温带和亚热带湿润、半湿润气候带,雨量丰沛,水热资源丰富。各地气候因海拔不同而有很大变化,除部分高山地区外,无霜期多在 240～330 天,从 4～10 月平均气温均在 15℃以上。全年降水量 800～1 200 毫米,多集中在 4～10 月,有利于多季玉米栽培。本区光照条件较差,全年阴雨寡照天气在 200 天以上,还经常发生春旱和伏旱。病虫害的发生比较复杂而且严重。

本区近 90% 的土地分布在丘陵山区和高原,而河谷平原和山间平地仅占 5%。多数土地分布在海拔 200～5 000 米内,地势垂直差异很大。玉米从平坝一直种到山巅,垂直分布特征十分明显。旱坡地比重大。土壤贫瘠,耕作粗放,玉米产量很低,夏旱和秋旱是部分地区玉米增产的限制因子。该区种植制度一年一熟至一年多熟都有,主要轮作方式有一熟春玉米、春玉米与马铃薯带状间作、春玉米与油菜或春小麦间作等。

(四)南方丘陵玉米区

本区分布范围很广,北界与黄淮海平原夏播玉米区相连,西接西南山地套种玉米区,东部和南部濒临东海和南海。包括广东、海南、福建、浙江、江西、台湾等省的全部,江苏、安徽的南部,广西、湖南、湖北的东部,是中国主要水稻产区,玉米种植面积较小,常年播种面积占全国的 5%～8%,总产占全国总产的 5% 左右。土壤多属红壤和黄壤,肥力水平较低,玉米单产水平不高,在 6 个玉米产区中,单产水平最低。

本区属热带和亚热带湿润气候,气温较高。年降水量 1 000～1 800 毫米,雨热同季,霜雪极少。全年日照时数 1 600～2 500 小时,适宜农作物生长的日期在 220～365 天。3～10 月平均气温在 20℃左右。主要种植制度以一年两熟至一年三熟或四熟,轮作方式有小麦－玉米－棉花、小麦(油菜)－水稻－秋玉米、春玉米－晚稻、早稻－中稻－玉米等。

(五)西北灌溉玉米区

西北灌溉玉米区包括新疆的全部,甘肃的河西走廊和宁夏的河套灌区。种植面积占全国的 2%～4%,总产占全国玉米总产的 3% 左右。

本区属大陆性干燥气候带,年降水较少,仅 200～400 毫米,种植业完全依靠融化雪水或河流灌溉系统。无霜期一般为 130～180 天。日照充足,每年 2 600～3 200 小时。≥10℃ 的积温为 2 500～3 600℃,新疆南部可达 4 000℃。本区光热资源丰富,昼夜温差大,对玉米生长发育和获得优质高产非常有利,属全国玉米高产区。自 20 世纪 70 年代以来,随着农田灌溉面积的增加,玉米面积逐渐扩大,玉米增产潜力巨大,多为一年一熟的春玉米种植方式。

(六)青藏高原玉米区

本区包括青海省和西藏自治区。玉米是当地近年新兴作物之一,栽培历史很短,玉米种植面积和总产都不足全国的 1%,但单产水平较高。

本区海拔较高,地形复杂,高寒是此区气候的主要特点。年降水量为 370～450 毫米。最热月平均温度低于 10℃,个别地区低于 6℃。在东部及南部海拔 4 000 米以下地区,≥10℃ 的积温达 1 000～1 200℃,无霜期 110～130 天,可种植耐寒喜凉作物。光照资源十分丰富,日照时数可达 2 400～3 200 小时。昼夜温差大,十分有利于玉米的生长发育和干物质积累。西藏南部河谷地区降水较多,可种植水稻、玉米等喜温作物。本区主要是一年一熟的春玉米栽培。随着生产条件的改善,增施有机肥和化肥,实行机械化栽培,提高种植管理水平,采用地膜覆盖和育苗移栽等技术,发展一定面积的玉米是有可能的。

二、黄淮海夏播区玉米主产省份生产概况

我国玉米的主产省份有黑龙江、吉林、辽宁、内蒙古、河北、河南、山东、安徽、山西、陕西、甘肃、新疆、四川 13 个,也是我国玉米种植面积 1 000 万亩以上的省份,本文主要介绍黄淮海夏播区 6 个玉米主产省份生产概况,以 2012 年农业部种植业管理司统计面积为准。

(一)河南省玉米生产概况

河南是玉米生产大省、消费大省。玉米是河南省的第二大作物,河南地处我国黄淮海玉米优势产业带的中心区域,光热水资源丰富,平原面积大,地下水埋藏浅,大部分是玉米的适生区。

1914 年,河南全省只种植玉米 3.27 万公顷,单产仅 495 千克/公顷。1949 年,全省也只种植 92.9 万公顷,单产 720 千克/公顷,总产 65 万吨。新中国成立以后,河南玉米种植面积得到了较快发展,单产和总产水平也有较大的提高。1978 年全省播种面积达到 168.4 万公顷,单产 2 785.05 千克/公顷,总产 469 万吨。1989 年以前,种植面积维持在 200 万公顷以下,1990 年全省种植面积扩大到 217.69 万公顷,单产 4 485 千克/公顷,总产 961 万吨。1990 年到 1999 年期间玉米种植面积保持在 200 万~220 万公顷,单产保持在 4 050~5 265 千克/公顷,总产在 750 万~1 150 万吨。

近 10 年来,河南省玉米生产发展更快,1999~2011 年种植面积、单产和总产都有较大提高,种植面积从 1999 年的 219.37 万公顷提高到 2012 年的 310 万公顷,增加了 27.48%;单产水平整体上不断提高,从 1999 年的 5 272.35 千克/公顷 提高到 2012 年的 5 608.20 千克/公顷,提高了 6.37%;总产从 1999 年的 1 156.6 万吨提高到 2012 年的 1 696.5 万吨,增加了 46.68%。2003 年由于遇到了特殊的自然灾害,该年单产和总产均达到近年来历史最低点,平均单产仅有 3 210.75 千克/公顷,总产只有 766.3 万吨。2012 年总产达到历史最高点,相比 2003 年已连续 9 年增产。

(二)河北省玉米生产概况

河北省是全国玉米生产大省,2012 年种植面积在 305 万公顷,总产 1 650 万吨,河北玉米一直在全国玉米生产中占有举足轻重的地位。新中国成立后,河北玉米发展经历了稳定发展阶段(1949~1963 年)、曲折增长阶段(1964~1981 年)、面积减少单产增加阶段(1982~1988 年)、总产单产大幅增加阶段(1989~1995 年)、总产徘徊单产下降阶段(1996~2005 年)和总产单产持续增加阶段(2006~)。

河北玉米生产发展的特点有:面积、总产、单产增长迅速,地位重要,占河北粮食比例增加和区域发展不平衡等特点,其中,石家庄、保定、唐山等地优势明显。邯郸、邢台、沧州、衡水等地虽有灌溉、地力不足等不利之处,但玉米播种面积增幅大,单产水平稳定增长,总产在全省比重逐渐加大,是河北玉米生产增产的主要拉动力。秦皇岛、张家口、承德和廊坊等地玉米生产虽呈增长趋势,但受气候因素影响,年度间波动较大,且全省所占比重较小。

河北当前玉米生产存在的主要问题有:播种面积增长潜力不大,单产水平较低;品种使用多乱杂;栽培管理粗放、地力不足等,都不同程度地限制着河北玉米的发展速度。

(三)山东省玉米生产概况

山东省位于中国玉米带的中心位置,属黄淮海平原夏玉米区,自然条件非常适合玉米生长。山东省的玉米种植面积和总产均居全国前列,2012年种植面积在301.8万公顷,总产1 994.5万吨。玉米是山东省的第二大粮食作物,又是重要的饲料作物和工业原料。发展玉米生产,对确保畜牧业和加工业对玉米的需求、促进山东的经济发展、完成从农业大省到经济大省的跨越有着十分重要的战略意义。1949年山东省玉米播种面积仅为94.9万公顷,平均单产仅为930千克/公顷,总产量为88万吨。2012年玉米播种面积达到了301.8万公顷,平均产量为6 608千克/公顷,总产量为1 994.5万吨。与1949年相比,面积增加了3.18倍,单产提高了7.1倍,总产增加了22.7倍。近几年来,山东省玉米种植面积在滑坡后回稳,已经扭转了种植面积、总产连年下滑的局面,但离高峰年份还有较大差距,总产也没有达到2 000万吨以上的年需求量水平。目前,从过去的玉米主产区退变为主销区。山东省玉米除了总量不足是一个主要矛盾外,从品种结构上也不尽合理,高淀粉玉米等部分优质专用玉米的供需缺口依然较大。

随着种植结构的不断调整,山东省玉米种植面积和总产呈下降趋势,而玉米加工业、畜牧业不断发展,对玉米的需求量不断增加,导致玉米供求矛盾日益突出。山东省玉米消费主要在四个方面:一是饲料,占玉米总产量的80%左右;二是工业加工,占总产量的10%左右;三是口粮,占总产量的 5% 左右;四是其他消费,占 5% 左右。
1999~2000 年,山东省当年玉米产量除了满足本省消费外,还有超过
50 万吨的余量,但到 2001 年已经出现了约 60 万吨的供给缺口,2004
年超过 500 万吨。2005 年全省玉米种植面积 255.5 万公顷,平均单
产 6 001.5 千克/公顷,总产量为 1 533 万吨。目前,山东省年销售收
入在 100 万元以上的玉米加工业企业发展到 227 家,另外还有 314
家参与玉米加工的相关企业,玉米的年消耗量达到 2 200 万吨左右。

（四）山西省玉米生产概况

山西省玉米种植历史较久,至今约有 400 年的种植历史。从
1949 年到现在的 60 多年时间里,玉米种植面积、产量的发展趋势主
要表现为:

从种植面积发展看,1949~1954 年维持在 33.3 万公顷水平,
1955 年突破 33.3 万公顷,以后逐年递增,到 1973 年达到 60 万公顷
水平,但未突破 66.7 万公顷;1974 年开始突破 66.7 万公顷,维持到
1980 年;1981~1994 年又回落到 66.7 万公顷以下,维持在 60 万公
顷左右;从 1995 年开始,再次突破 66.7 万公顷,到 1999 年已发展到
86.7 万公顷以上;特别是从 2000 年到 2007 年玉米种植面积连续 8
年递增,2007 年达 126.7 万公顷以上,至 2012 年种植面积达 166.87
万公顷,居全国第 8 位。

从总产发展看,1963 年跨过了 100 万吨台阶,1973 年跨过了 200
万吨台阶,1990 年跨过了 300 万吨台阶,1995 年跨过了 400 万吨台
阶,2007 年后总产维持在 600 万吨以上,2012 年达到 903 万吨;从单
产发展看,60 多年来共跨过了 5 个台阶,1951 年开始突破 1 500 千
克/公顷,1963 年突破 2 000 千克/公顷,1973 年突破 3 000 千克/公
顷,1988 年突破 4 500 千克/公顷,1993 年突破 5 000 千克/公顷,至
2012 年达到 5 415 千克/公顷。

（五）陕西省玉米生产概况

全省玉米生产按其自然区划可分为陕北、关中、陕南三个大
区,关中和陕南是全省玉米主要产区。陕北过去种植较少,近年来玉
米种植面积逐渐增加。1949 年全省玉米种植面积 66.1 万公顷,平均

产量759.75千克/公顷,总产量约为55万吨。1956年种植面积发展到86.9万公顷,平均产量1 050千克/公顷,总产量9 107万吨,较1949年种植面积增长31.4%,平均产量增长20.7%,总产量增长64.9%。1965年又有较大发展,比1956年种植面积增长10.3%,单产增长65.2%,总产量增长82.9%。1978年全省玉米平均产量为2 520千克/公顷,比全国平均产量2 992.5千克/公顷低8.4%。1980年玉米种植面积107.7万公顷,比1965年增长12.4%,平均产量2 552千克/公顷,增长45.9%,总产量274.7万吨,增长62.1%。2006年全省玉米种植面积发展到114.7万公顷,平均产量4 626千克/公顷,总产量532.05万吨,种植面积比1980年增加6.54%,单产、总产分别增长了81.4%和93.68%;至2012年,陕西全省玉米种植面积116.73万公顷,居全国第10位。

全省玉米生产迅速发展的主要原因:第一,政府制定了针对农村及农业生产的一系列方针政策,调动了农民生产积极性;第二,农业生产条件的不断完善,如兴修水利,扩大灌溉面积,增施化肥。1949年全省有效灌溉面积22.4万公顷,1980年发展到139.4万公顷,增加了4.5倍;尤其关中平原灌区,随着复种指数的增加,夏播玉米面积发展很快,约占全省玉米种植面积的一半;第三,育种科学事业的不断发展,促进了玉米良种的更新。

全省玉米种植面积占耕地面积的25.3%,其中陕北玉米种植面积占该区耕地面积的8%,关中地区玉米种植面积占该区耕地面积的26.9%,陕南地区玉米种植面积占该区耕地面积的45%。各地(市)之间玉米单产水平差异较大,关中地区玉米平均产量5 044.5千克/公顷,陕北地区产量5 535千克/公顷,陕南地区产量3 320.7千克/公顷。纵观全省,关中、陕北是高产区,陕南是低产区。

(六)安徽省玉米生产概况

玉米为安徽省三大粮食作物之一,常年玉米播种面积在50万公顷以上,近年来,受玉米需求和价格的影响,种植面积总体呈逐年上升的态势,尤其是2001年以后玉米种植面积逐年增加,2002年增加到60多万公顷,2007年增加到70多万公顷,2012年增加到82多万公顷,总产增加到 427.5 万吨,比 2008 年增加 140.8 万吨。因而,玉米生产在安徽省粮食增产中起着非常重要的作用,发展玉米生产对保证安徽省和我国粮食安全都具有非常重要的意义。

安徽是全国玉米发酵制品、多元醇和燃料乙醇的重点加工生产基地,其中丰原集团是全国三大玉米深加工基地之一,每年所消耗的玉米就达 300 多万吨,几乎接近安徽省全年生产的玉米总量。近几年蒙牛、伊利两大全国性奶业集团纷纷进入安徽并在此地区建立养殖基地,奶业发展呈现高速发展态势,2010 年奶牛存栏数达到 15 万头,对玉米饲料的年需求量超过 50 亿千克,因而目前安徽省玉米生产还有很大的缺口。

第二节

玉米种植制度的演变及类型

玉米种植制度是指在同一块土地上,以玉米为主的几种作物种植的方式,它还包括与此有关的作物品种、土壤耕作、施肥灌溉、防除病虫草害等配套技术。合理的种植制度,必须与当时当地的气候和生产条件、社会经济发展等因素相适应,充分利用温、光、水、土壤等自然资源,达到增产增收的目的。

一、玉米种植制度演变

玉米起源于南美洲,7 000 年前美洲的印第安人已开始种植玉米,哥伦布(1451 ~ 1506 年) 发现新大陆后,把玉米带到了西班牙,随着世界航海业的发展,玉米逐渐传到世界各地。大约 16 世纪中期玉米传入中国,清代的 200 多年传播全国各地。在玉米进入中国的500 年中,近 300 年是玉米实现环境适应并建立种植制度的重要阶段。

种植制度指一个地区作物种类选择和相互搭配组合的总体安排,300 年来中国玉米种植制度逐渐形成按播种期与成熟期分类的春播玉米与夏播玉米。春播玉米多早熟品种,中国北部地区农历三月中下旬至四月上旬播种,七月中下旬成熟,全生育期为 90～120 天。夏播玉米农历五月中下旬播种,八月下旬成熟,全生育期为 90～100天。春、夏播玉米品种不但具有不同的生态属性,而且也为土地利用与作物组合创造了条件,近 300 年以玉米为核心形成的作物种植制度与空间分布区主要有:北方一年一熟制春玉米轮作区、北方两年三熟制夏玉米轮作区(黄淮海夏播区)、西南山地玉米、南方丘陵山区玉米、西北灌区玉米及青藏高原玉米区。

二、黄淮海夏播玉米区玉米种植制度

1. 小麦玉米两茬复种

小麦玉米两茬复种曾是 20 世纪 50 年代黄淮海平原地区的主要种植方式,但两茬复种只能种植早熟玉米品种,不能充分利用光热资源,产量较低。而且麦收后复播玉米常受雨涝威胁,因此 20 世纪 70年代在北部地区逐渐被冬麦田套种夏播玉米所取代。20 世纪 80 年代随着水肥条件的改善和机械化作业水平的提高,两茬复种面积又有所发展。

两茬复种的优点是适合机械化作业,有利于保全苗,田间植株分布均匀,群体结构合理。缺点是易受旱涝低温危害,稳产性较差,目前缺乏早熟高产抗逆性强的优良品种,所以种植面积受到限制。

2. 小麦玉米两茬套种

小麦玉米两茬套种由于玉米套播在冬小麦收获之前,适当地延长了玉米的生育天数,可以采用中晚熟玉米品种,充分利用光热资源和土地空间,产量水平比复种明显提高,而且不影响下一季冬小麦正常播种,因而在黄淮海平原地区占很大比例。小麦玉米两茬套种主要有4种形式:

(1)平播套种 在黄淮海平原南部地区分布较多,包括山东省南部,河北省石家庄以南和河南省北部及陕西省关中地区都采用这种方式。其特点是小麦密播,不用专门预留套种行,或只留30厘米的窄行。通常麦收前7~10天套种玉米。由于选用中晚熟玉米品种,因此产量明显提高,而且田间玉米植株分布均匀,群体结构合理,光热资源和土地利用较合理,缓和了麦收和夏种劳动力紧张的矛盾,有利于小麦和玉米双获高产。缺点是收麦和套种玉米完全要手工操作,不利于机械化作业。

(2)窄带套种 麦田做成1.5米宽的畦状,内种6~8行小麦,预留0.5米的畦埂,麦收前1个月套种2行晚熟玉米。麦收以后,玉米成为宽窄行分布。同两茬复种相比,小麦占地减少,但玉米可换成晚熟品种,因而总体产量较高。这种套种方式在河北省北部和京津郊区无霜期较短而水肥条件较好的地区能够争取季节,充分利用光热资源,获得较高产量。

(3)中带套种 也叫小畦大背套种法。2米宽的畦内机播8~9行小麦,预留约0.7米套种2行玉米。一般麦收前30~40天套种晚熟玉米。这种方式能够使用小型农业机械进行作业,包括中耕、施肥、收获等。麦收后的宽行间还可套种豆类或绿肥等。

(4)宽带套种 畦宽约3米,机播14~16行小麦,麦收前25~35天在预留田埂上套种2行中熟玉米品种。麦收后在宽行间套种玉米、豆类、薯类或绿肥等作物。

3.玉米豆类间作

玉米和豆类间作也是黄淮海地区玉米种植的主要形式之一,以玉米和大豆间作为主,也有与小豆、绿豆间作或混种者。原则上是玉米不减产,适当增收豆类。玉米与大豆的间作比例通常为6:2或4:2间作,可实现粮豆双收,增加农民的经济收入。

第三节
我国玉米生产的发展

一、玉米生产现状

（一）玉米在粮食安全中的重要地位

玉米是粮、经、饲兼用作物，是饲料之王和重要的工业原料，在我国农业生产中具有举足轻重的地位。随着我国城镇化步伐不断加快，粮食播种面积总体呈现递减的趋势，然而玉米播种面积和总产呈递增的趋势。玉米占粮食总产量的比重由 1978 年的 18.4% 提高到 2011 年的 33.7%，增加了 15.3 个百分点；2009 年我国玉米种植面积首次超过水稻；2012 年玉米种植面积 5.25 亿亩、产量 20 561 万吨，均位于全国粮食第一位，成为我国第一大农作物。

随着我国工业化、城镇化的加速发展、人口的增加、人民生活水平的不断提高，粮食消费呈现刚性增长。而耕地减少、水资源短缺、气候变化等因素对粮食生产的约束日益突出，粮食生产的环境面临前所未有的挑战，粮食供求将长期处于偏紧状态。作为全球人口第一大国，粮食安全对中国至关重要，并可能给世界带来影响，粮食安全生产已成为我国安全稳定的战略问题。据《国家粮食安全中长期规划纲要》预测，到 2020 年，我国粮食总需求量应达到 5 725 亿千克才能确保 14 亿人的吃饭问题，因此，《全国新增 500 亿千克粮食生产能力规划（2009—2020 年）》提出到 2020 年应实现 500 亿千克粮食的增产目标。其中，玉米增产应为 325 亿千克，占整个粮食增产任务的 65%，由此可见，玉米在保障我国新增 500 亿千克粮食生产能力和国家粮食安全中占据十分重要的地位。

（二） 播种面积

中国玉米年播种面积占全球玉米总播种面积的 20% 左右。改革开放以来，随着形势变化，玉米需求增加，价格看涨，玉米的播种面积呈逐年上升趋势。1977 年全国玉米播种面积仅 1 967 万公顷，2007 年增加为 2 760 万公顷，2009 年达 2 900 万公顷，截至 2012 年全国玉米播种 3 503 万公顷。

黑龙江省近年玉米发展迅速，目前是全国玉米播种面积最大省份，2009 年播种面积为 486.7 万公顷。2010 年已增至 533.3 万公顷。长江流域以南地区饲料工业和畜牧业发达，玉米产量仅占全国的 20%，消费量却达全国总产量的 50% 以上，近年来该地区为解决玉米供给不足的矛盾，纷纷扩大玉米种植面积，提高玉米自给率。

（三） 总产与单产

中国玉米年产量平均为 1.15 亿~1.2 亿吨。进入 20 世纪 90 年代以后，由于播种面积的增加和杂交技术的广泛采用，中国玉米生产有了较快的发展。1998 年全国玉米总产量达到创纪录的 1.33 亿吨，比 1979 年的 6 004 万吨增加 1.22 倍。玉米产量占粮食总产量的比重大幅提升，因此玉米生产是中国粮食生产中最为活跃的因素。2007 年玉米总产已增加到 1.520 亿吨，2008 年玉米产量为 1.659 亿吨，2009 年为 1.630 亿吨，2012 年为 2.056 亿吨。

1976 年中国玉米单产为 2 505 千克/公顷，到 2012 年已经增长到 5 870 千克/公顷，36 年里单产增加了 2.34 倍。在 13 个玉米主产省中，吉林省的玉米单产水平最高，2012 年平均单产达 7 852 千克/公顷，是全国平均水平的 1.34 倍。在中国，大面积示范的玉米单产也已达到 10 500~15 000 千克/公顷，春、夏玉米的高产纪录都已突破 15 000 千克/公顷，山东莱州曾经创过 21 039 千克/公顷的高产纪录。但目前中国实际平均单量只有 5 870 千克/公顷左右，处于世界中游水平，仅相当于美国 20 世纪 60 年代的单产水平。吉林省平均单产 7 852 千克/公顷左右，黄淮海夏播玉米区及黑龙江春玉米平均单产不到 6 000 千克/公顷，可见中国玉米的增产潜力和空间十分广阔。

二、玉米消费与需求

中国玉米需求近年增势明显。据农业部估算,2001～2005 年,中国玉米消费年增长 2.7%,"十二五"期间,玉米消费增幅进一步加快。目前,中国玉米消费量从 2000 年的 1.41 亿吨上升至 2006 年的 1.37 亿吨。其中,饲料消费从 8 500 万吨上升至 9 100 万吨;工业消费量从 1 010 万吨上升至 2 110 万吨,增长 1 倍多。2007～2008 年中国玉米饲料消费量为 9 550 万吨,较 2006～2007 年提高 300 万吨,增幅为 3.24%。2007～2008 年中国玉米工业消费量为 3 750 万吨,较 2006～2007 年提高 200 万吨,增幅为 5.6%。目前,国家实施了一系列政策扶植养殖业发展,国内养殖业在 2008 年呈现出恢复态势,饲料玉米需求将随之大幅增长。

进出口方面,近年来,中国玉米出口呈现增长之势,已成为仅次于美国的第二大玉米出口国。但随着国内玉米需求继续增长,玉米库存继续下降,工业需求继续大幅扩张。中国玉米市场参与到国际玉米出口、进口贸易中去的趋势将逐步显现,将由原来的单纯出口转向出口、进口同时共存,季节性特征将加强,对全球玉米贸易格局的影响也会与日俱增。预计今后玉米出口将大幅减少,并可能开始少量进口玉米,这种双向的趋势仅为一个过渡期,中国将最终进入玉米净进口阶段。

中国的玉米消费主要来自玉米口粮、饲料、工业消费、种业和出口 5 个方面。随着人民生活水平的提高,中国玉米消费呈明显的刚性增长趋势,消费结构逐渐由过去的口粮消费向以饲料、工业加工为主的多方向、多领域、多层次消费转变,食用比例逐渐减小,饲料用量和工业加工用量明显增大。近年来饲料用玉米量占玉米总消费量的 70% 左右。饲料和工业消费占国内玉米消费总量的 90%。

由于近年来玉米大量转向乙醇汽油等化工生产,国际玉米贸易量、库存量不断减少,在畜牧业发展特别是加工转化的拉动下,国内外玉米市场价格一直上涨。国内玉米消费增长提速,中国玉米产需基本平衡的格局可能转向供求偏紧的方向。

第四节
我国玉米生产展望

一、玉米品种更替历史

(一)玉米品种更替

玉米原产于南美洲,大约在16世纪中期,中国开始引进玉米。新中国成立以来,玉米产量的增加不单是种植面积的扩大,栽培措施的改善,玉米杂种优势的广泛利用也起了重要的作用。中国的玉米育种主要经历了起步、发展、创新等几个阶段。

1.起步阶段

20世纪30年代末至40年代初,中国玉米杂交育种处于初创阶段,由于其时正值抗日战争最艰辛阶段,经费不足,条件很差,一些研究成果不能及时在生产上发挥作用。

2.发展阶段

20世纪60年代中期,中国玉米杂交种种植面积不足100万公顷,仅为玉米面积的4%,平均单产仅为1 507.5千克/公顷;60年代中期后,由于育成和引入了一批优良自交系,组配了一批玉米杂交种,1975年杂交种种植面积占玉米总面积的50%左右。1987年玉米杂交种种植面积已占到80%,平均单产达到3 945千克/公顷,且所用杂交种都是中国自己选育的。

3. 创新阶段

20 世纪 90 年代以来,我国玉米育种进入创新阶段,紧凑型单交种成为玉米育种的重要方向,开始重视综合抗性品种;21 世纪初,玉米育种有了新的发展,其间出现的郑单 958 使我国玉米育种水平达到历史高峰;目前中国玉米育种进入超级玉米选育阶段,常规育种与生物技术育种相结合的阶段。

当前,中国的育种新材料和新方法的研究有了长足进步,随着农业生物技术的发展,中国玉米育种工作者已经开始系统地利用分子标记技术和转基因技术开展育种新材料、新方法的研究,克隆出一批具有自主知识产权的抗虫、抗病、抗除草剂、抗逆(抗寒、抗旱等)、品质改良、营养高效等功能基因,建成了先进的遗传转化平台,培育出了一批性状优异的转基因玉米材料。山东大学、中国农业大学、中国农业科学院等单位已获得了大量的转基因玉米材料。吉林省农业科学院依托于国家转基因植物中试与产业化基地(吉林),以玉米转基因为主,获得了一大批转基因玉米自交系,其中主要为抗虫和抗除草剂玉米。中国农业大学的高蛋白质、高赖氨酸转基因玉米已完成安全性评价体系中的环境释放试验。

随着转基因技术的发展及其研究的日趋成熟,转基因技术在拓宽玉米种质资源、提高杂交种的抗逆性、抗病虫性、提高产量和品质等方面将发挥更大的作用,应用前景广阔。玉米种质的创新对于提高玉米杂种优势的水平具有至关重要的作用,没有种质的创新就没有玉米杂种优势水平的突破。中国政府充分发挥中国现有的玉米育种技术体系的作用,积极扶持新的育种方法和高新技术手段,已有组织地启动玉来种质创新工程,为进一步提高中国玉米育种的水平打下了坚实基础。

(二) 新品种选育

1. 满足品种多样化发展要求

目前,玉米高产育种处于较高的平台期,新品种对生产进一步发展的支撑后劲不足。生产上大面积应用的品种单一,遗传和生产脆弱性潜在风险显著增加,新的病害正在迅速地发展和蔓延,对未来玉米生产将产生重大的负面影响,为了规避生产风险,必须不断选育和推出遗传基础更加丰富的新品种。

2. 生产上缺乏耐密、抗病、适应性广的低风险新品种

随着生产和生态条件的不断变化,玉米生产上的主要病虫害也在不断发展变化,干旱等逆境气候环境频繁发生,而感病、不抗逆境胁迫的高风险品种给生产上带来严重的潜在风险。有些品种抗灾能力低,产量低而不稳,生产成本高,种植效益低,抑制玉米生产和加工业的健康、稳定发展。

3. 应不断研发适宜机械化的新品种

近年来,伴随着农村人口城市化进程的不断加快和土地集约化经营的快速推进,黄淮生态类型区的玉米育种目标也发生了重要的变化,在通过增加种植密度提高玉米产量的同时,对玉米新品种选育目标提出了更高的要求,迫切需要适合全程机械化操作的玉米新品种。具体表现为推广的玉米新品种必须具有出苗率高、发芽势强,抗病虫、秸秆坚挺、抗倒伏,果穗必须是穗位整齐、苞叶疏松、籽粒脱水快、机械收获籽粒破碎率低等突出优点。然而,长期以来,由于忽视了机械化收获对种质资源创新和新品种选育的研究,生产上推广和近期选育的品种远不能满足玉米机械化收获要求。而优异种质资源的创新和利用是选育出突破性品种的基础,生物技术与常规育种技术的有机结合正孕育作物遗传育种的第三次技术突破。积极创制具有突破性的高配合力、抗多种逆境因素、适应机械化操作的优良种质,增强玉米种质的持续改良与创新能力,是实现我国玉米育种新突破,促进我国玉米产业持续发展的根本所在。

二、玉米栽培技术的发展

从技术上讲,提高和发展玉米生产能力和水平,主要是良种和良法。但是,在黄淮海玉米生产上却表现出"一高一低"的突出特点。"一高"是指玉米育种水平高,近年来育成了大量的玉米新品种在生

产上推广利用。如河南省农业科学院选育的郑单958和鹤壁市农业科学院选育的浚单20,是我国种植面积第一、第二的玉米品种。"一高"还表现在通过区域试验的品种产量水平高,区试产量达500~650千克/亩,且有一批品种的丰产潜力达800千克/亩以上。"一低"是指玉米生产经济效益比较低,表现产量不稳、品质不优、成本不低。

目前在玉米生产栽培技术方面急需通过对栽培、植保、土肥、农机、旱作与灌溉等单项技术进行创新研究和提升,而且还可通过对现有或新研制的单项技术进行系统集成、示范和推广,真正解决"产量不稳、品质不优、效益较低"问题所需关键技术难题,实现良种良法配套,将实际产量水平与品种通过区域试验的产量水平差距缩小到150千克/亩,即实际产量提高10%左右。

当然,要充分挖掘玉米增产潜力还要重视良法配套的作用。根据全国粮食高产创建活动经验,通过使用优良品种、组装配套集成农艺和农机技术,每亩可提高产量50~75千克。因此,玉米生产中,要提高农业科技到位率,普遍采用高产品种和高产栽培技术,充分挖掘现有品种和新培育品种的产量潜力。

长期以来,我国忽视了玉米生产全程机械化操作技术的研究,现有品种和耕作机械操作技术远不能满足玉米生产的机械化要求。据统计,2011年我国玉米机耕水平83.5%,机播水平72.5%,而机收水平仅为16.9%,成为制约玉米生产的"瓶颈",也影响其他农作物全程机械化进程。目前大面积推广的郑单958、浚单20等品种普遍存在后期脱水慢、籽粒含水量高、机械收获籽粒破碎率高等缺点,虽然产量较高,但机械化收获适应性有待提高;而先锋公司在我国大面积推广的优良玉米杂交种先玉335虽然具有后期脱水快、籽粒硬度大、适宜机械化收获的特点,但是由于受气候和耕作制度的影响,不能适应不同种植区域的要求,特别是黄淮地区为保证小麦播种时间,玉米从成熟到收获的时间非常有限,其籽粒含水量不能降到适应机械化收获的程度。目前农村劳动力向城市的大量转移以及农业生产方式的变革,对耐密、抗倒、适应机械化收获玉米品种的需求将更为迫切,将成为制约我国玉米生产的一个关键因素。

玉米栽培技术未来发展的研究方向：①玉米优势产区的栽培稳产高产整套技术；②玉米良种良法农机配套整体技术；③主食玉米原料安全栽培技术体系；④转基因玉米品种安全释放配套栽培技术；⑤国外先进玉米栽培技术的引进转化与提升技术应用；⑥建立以玉米栽培为核心枢纽的大学科互动研发技术平台。

三、玉米产业发展对策与展望

未来中国玉米产业发展应以专用化、多样化的市场需求为导向，以提高玉米产业总体效益和农民收入为目的，以提高玉米质量和降低生产成本为核心，以优化玉米品种结构和提高玉米转化能力为重点，统筹规划布局，推广专用品种，加强基础设施建设，发展订单生产，引导畜牧业和饲料工业布局调整，促进玉米产区畜牧业发展，实现专用玉米区域化布局、规模化生产、产业化经营，加快形成具有国内外市场竞争力的专用玉米产业带，积极提升玉米产业水平。

为促进中国玉米产业稳步发展，必须大力发展饲料工业。发挥玉米产业优势，建立饲料工业体系，通过转化使玉米增值，是今后发展玉米产业化的重要途径。目前，中国的饲料工业虽初具规模，但饲料生产存在布局不妥的问题，南方沿海地区饲料工业较为发达，但玉米生产规模小，原料严重不足，而北方一些地区则饲料工业相对落后，大量玉米积压。另外，存在饲料品种不全，质量不高，费用大、价格高等一系列问题。为此，应立足于玉米资源优势与市场需求，贯彻就地取材、就地加工、就地销售的原则；采取集中与分散相结合，大中小相结合的方针发展配合饲料工业。今后，大中城市应建立饲料添加剂工厂，生产蛋氨酸、赖氨酸、微量元素等。生产这些产品建厂投资大，生产技术要求高，但用量少，应该由各省统一布局考虑建厂生产。县级则主要抓蛋白质添加剂浓缩饲料厂，可从预混饲料厂购入添加剂预混饲料，集中本地蛋白质饲料进行二次加工。乡镇一级则将蛋白质添加剂浓缩饲料玉米等能量饲料混合进行第三次加工,生产各种配合饲料供应用户。根据中国的畜牧业发展目标,考虑玉米生产状况,建立适应国情的玉米饲料工业体系,是促进畜牧业大发展,实现玉米转化增值的必由之路。

大力发展粮饲兼用型玉米,可缓解中国玉米饲料消费增长过快的压力,也是中国玉米产业健康发展的有益补充。粮饲兼用型高产玉米指在获得高产量玉米籽粒的同时,还可获得大量畜禽可充分利用的玉米秸秆。在籽粒完全成熟时,叶片仍很青绿的高产玉米品种是理想的粮食和饲料兼用品种。它可以从根本上解决玉米秸秆饲用转化效率低的问题,对粗饲料的开发利用将会有突破性进展,对畜牧业的发展将起到巨大的推动作用。这种多叶、青绿型高产玉米发展前景广阔。从产量性状看,多叶型玉米叶面积大,光合生产率高,具有高产特点。美国 20 世纪 80 年代育成的多叶型玉米产量达到 11 388 千克/公顷。从秸秆饲用效率上看,玉米秸秆在绿色时,保持有较高的粗蛋白、粗脂肪含量,而粗纤维含量较低。青绿玉米茎叶是畜禽的优质饲料,其秸秆的饲用价值明显高于枯黄的玉米秸秆,含糖量和含水率都比较高,可以用作优质青贮饲料。从抗逆性上看,青绿型玉米生育期较短,茎叶茂盛,水分含量高,具有一定的抗倒伏和抗旱能力。从中国国情分析,粮饲兼用型高产玉米符合中国生产发展方向,可做到粮食与饲料兼顾,是中国玉米产业的新兴环节,能促进中国玉米产业更快、更好发展。

在特用玉米生产过程中要实施标准化生产。国家应制定相应的技术标准和无公害特用玉米产品标准化技术操作规程。对种植与收购的各个环节实施全程监控,保证产品质量。并对所有农户的种植田块建立田间记载档案,注册鲜食玉米商标,创立名牌,为产品销售打下坚实的基础。要加大政府扶持力度,积极促进中国特色食用玉米产业发展。通过进一步优化品种,不断提升加工产品的品质,从而大大促进加工企业发展生产的积极性,不断扩大生产规模和出口规模,增强市场竞争力,从而迅速提升中国特用玉米产品的品质,扩大中国特用玉米产品的生产、加工、消费规模和出口规模,使中国的特色食用玉米产业能够健康发展,并在激烈的国际市场竞争中不断发展壮大。

目前,中国的玉米加工已经开始从传统技术向现代技术转变。在科技进步及科研成果快速转化的前提下,玉米加工业将广泛地利用生物酶技术、膜分离技术等,这些玉米加工的新技术必将加快中国玉米产业结构调整步伐,进一步延长产业链,促使中国玉米加工进入高科技、高产出的快速发展阶段,中国玉米产业前景无可限量。

第二章

玉米的生育特点及其环境影响

本章导读：本章主要介绍了玉米的生育特点及环境对其的影响，从玉米生长与发育、生育阶段、温、光、水、土、养等方面进行了阐述。

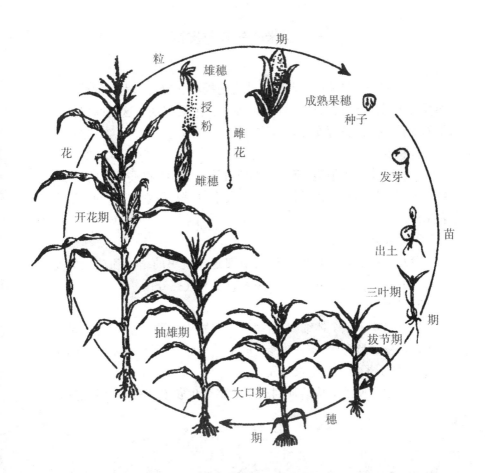

玉米作为目前世界上分布最广泛的典型禾本科作物,基本遵循高等植物的一般生长、发育规律,经过营养生长和生殖生长,最终完成其整个生育期。本章主要介绍玉米品种类型及生长发育特点,为各个时期的栽培管理提供依据。

第一节

玉米的生育特点

一、玉米的生长与发育

玉米的一生是从种子萌发出苗直至授粉、受精,产生新的种子的连续的生长发育过程,即从种子到种子的生活周期。这期间包括一系列生长、分化、发育变化。

1. 生长

生长是指玉米细胞、组织和器官在数量、体积和重量上的增加,是一个不可逆的数量化过程,通常用大小、长短、粗细、轻重和多少来表示。

2. 分化

分化是指玉米个体发育过程中细胞和组织的结构和功能的变化,如幼穗分化、花芽分化、维管束发育以及气孔分化等。

3. 发育

发育是指玉米个体细胞、组织和器官的分化形成过程,也就是玉米个体发生了形态、结构和功能上的本质性变化,是一个不可逆的质变过程,如玉米的生殖生长过程。

玉米生育期是指从播种到成熟的整个生长发育过程,用天数表示。玉米生育期长短与品种、播期和温度等因素有关,一般叶数多(晚熟品种)、播期早、温度低的生育期长,反之则短。生产上,生育期用出苗至成熟天数表示。玉米生育期长短是划分品种熟期类型的重要指标。

二、玉米的生育时期及特点

在玉米生育过程中,植株的外观形态要发生一系列变化,可以人为地划分为一些时期,即"生育时期"。在正期播种条件下,这些时期往往对应着一些物候现象,故"生育时期"也称"物候期"。

玉米一生可划分为播种期、出苗期、拔节期、抽雄期、吐丝期、成熟期等。这些不同的时期既有各自的特点,又有密切的联系。

1. 播种期

播种的日期。

2. 出苗期

幼苗第一片真叶出土并展开的日期,苗高一般为 2~3 厘米。玉米出苗的快慢,在适宜的土壤水分和通气良好的情况下,主要受温度的影响较大(图 2-1)。

图 2-1　玉米苗期大田长势

3. 拔节期

茎秆基部节间开始伸长的日期。标志着植株茎叶已全部分化完成,将要开始旺盛生长,雄花序开始分化发育,叶龄指数为30%左右(图2-2)。

图2-2　玉米拔节期大田长势

4. 抽雄期

雄穗主轴尖端露出顶叶3~5厘米的日期。雄穗分化已经完成,节根层数、基部节间长度基本固定,雄穗分化已经完成,茎秆下部节间长度与粗度基本固定(图2-3)。

图2-3　玉米抽雄期长势

5.吐丝期

也叫抽丝期。雌穗的丝状"花柱"从苞叶伸出 2 厘米左右的日期。在正常情况下,吐丝期与雄穗开花散粉期同步或迟 2~3 天(图 2-4)。

图 2-4 玉米吐丝期大田长势

6.成熟期

全田 90% 以上的植株籽粒干硬,果穗中下部籽粒基部出现黑色层,乳线消失,并呈现出品种固有的颜色和光泽的日期,是收获的适期(图 2-5)。

图 2-5 玉米成熟期大田长势

生产上,通常以全田 50% 的植株达到上述标准的日期,为各生育期的记载标准。另外,生产中还常用小、大喇叭口期作为生育进程和田间肥水管理的标志。小喇叭口期是指植株有 12～13 片可见叶(具体因玉米品种类型而异),心叶形似小喇叭口,叶龄指数 46% 左右。一般拔节 7～10 天后进入小喇叭口期。大喇叭口期是指叶片大部可见,但未全部展开,心叶丛生,上平中空,形似大喇叭口。该生育时期的主要标志是雄穗分化进入四分体期,雌穗正处于小花分化期,叶龄指数约为 60%,距抽雄穗一般 10 天左右。

三、玉米的生育阶段

在玉米生育过程中,一些生育时期要发生质变,因此人为地合并一些"时期",便成为一些"阶段"。关于玉米的生育阶段,研究者有不同的划分体系。

(一)两段划分

日本学者曾把玉米的生育过程分为两个阶段,称"营养相"和"生殖相"。曹广才、吴东兵(1995)归纳了多年的旱农试验资料,为了便于高寒旱地玉米的栽培管理,把玉米的生育过程分为播种—抽雄和抽雄—成熟两个生育阶段,即营养生长阶段和生殖生长阶段。一定熟期类型的玉米品种,营养生长阶段有相对稳定的积温量,其天数多少与播种—成熟的生育期天数之间有极显著正相关性。这种两段划分法与三段划分法同样实用,是栽培措施的依据之一。

(二)三段划分

1. 依生育进程划分

分为播种—拔节(或出苗—拔节)、拔节—抽雄、抽雄—成熟 3 个生育阶段,分别标志着玉米生育进程的营养生长阶段、营养生长与生殖生长并进阶段、生殖生长阶段。依各阶段天数与生育期天数的比例,衡量其"长"或"短",曹广才、吴东兵(1995)等把阶段天数/生育天数≥1/3 视为"长",把阶段天数/生育天数≤1/3 视为"短",则三段生长在不同品种、地域、播季和播期中有不同的长短变化,如"长—短—长"、"短—短—长"等。

(1)营养生长阶段 玉米只有根、茎、叶等营养器官的分化和生长,营养物质的分配和积累也仅在这些器官中进行。

(2)营养生长与生殖生长并进阶段 玉米既有营养器官的旺盛生长,又有生殖器官的分化发育,故穗期亦称营养生长与生殖生长并进阶段。玉米在并进阶段的营养物质分配积累趋势为:拔节期至大喇叭口期(雄穗四分体期)植株吸收与合成的养分主要供应以叶为主的营养器官,以后向茎秆输送的份额逐渐增多,到抽雄穗期,茎秆干重及其生长速度均高于全叶。在并进阶段,雌雄穗虽然也在迅速地进行分化发育,但其体积很小,干物质积累甚少,干重占全株干物重的比例也很低。

(3)生殖生长阶段 这期间主要进行开花、授粉、受精、籽粒形成及灌浆成熟等生殖生长活动,故称生殖生长阶段。玉米在该阶段的生长中心是籽粒,以籽粒形成和灌浆充实为主,穗粒干物质增加较快。

在玉米田间管理上,要根据植株3个生育阶段的基本特点,结合田间的实际长势长相,灵活运用促控措施,协调群体与个体、植株地下生长与地上生长、营养生长与生殖生长间的矛盾,确保玉米群体较大、结构合理、株壮、穗大、粒多和粒重。

2.依栽培管理划分

分为苗期阶段、穗期阶段、花粒期阶段,与前述三段划分相对应。

(1)苗期阶段(播种至拔节) 是以生根、长叶、茎节分化为主的营养生长阶段。以根生长为中心,是决定玉米叶片数和节数的时期。夏玉米早、中、晚熟品种约20天、25天、30天,套种约35天,春播约40天。在苗期阶段,长出的节根层数约达总节根数的50%,展开叶数约占品种总叶数的30%。在苗期,壮苗的个体长相是根系发达,叶片肥厚,叶鞘扁宽,苗色深绿,心叶重叠;群体表现则是苗全、苗齐、苗匀、苗壮。为此,田间管理的中心任务是促进根系发育,培育壮苗,达到苗全、苗齐、苗壮的要求,为玉米生产打好基础。在大田条件下,一般土壤水分不足,温度偏低,是影响玉米发芽出苗的主要环境因素。

(2)穗期阶段(拔节至抽雄) 是营养器官生长与生殖器官分化发育同时并进阶段,是决定穗数、穗的大小、可孕花数的关键阶段,奠定结实粒数的基础。一般历时 27～30 天。本阶段的生育特点是茎节间迅速伸长,叶片增大,根系继续扩展,干物质迅速增加。一般增生节根 3～5 层,占节根总层数的 50% 左右,而根量增加却占 70% 以上;节间伸长、加粗,茎秆定形;展开叶片数约占总叶数 70%。本阶段地上器官干物质积累始终以叶、茎为主,是玉米一生中生长发育最旺盛的阶段,也是田间管理最关键的阶段。为此,田间管理的中心任务是促进中上部叶片增大,茎秆粗壮敦实,以达到穗多、穗大的丰产长相。

(3)花粒期阶段(抽雄至籽粒成熟) 也称生殖生长阶段。此阶段营养生长基本结束,进入以开花、受精、结实籽粒发育的生殖生长阶段。籽粒迅速生成、充实,成为光合产物的运输、转移中心。此期经历时间,早、中、晚熟品种分别为 30 天、40 天、50 天。这个阶段玉米成熟籽粒干物质积累主要来自植株的中上层叶片光合产物。本阶段田间管理的中心任务是为授粉结实创造良好的环境条件,提高光合效率,延长根和叶的生理功能,防早衰、促早熟,争取粒多、粒重,达到高产优质。

第二节

自然环境与玉米生长

一、温度

（一）温度对玉米生长发育的影响

玉米起源于南美洲热带地区,在系统发育过程中形成了喜温的特性,因此是喜温作物。通常以10℃作为生物学上的零度,10℃以上的温度才是玉米生物学的有效温度。

1. 播种至拔节

玉米播种后,在水分适宜的条件下,温度达到7~8℃时即可开始发芽,但发芽极为缓慢,容易受有害微生物的感染而发生霉烂。所以在田间低温条件下,微生物对种子的发芽比低温直接对种子发芽的危害性更大。玉米种子发芽的最适温度为28~35℃。但在生产上晚播往往要耽误农时,而过早播种又易引起烂种缺苗,通常把土壤表层5~10厘米温度稳定在10℃以上的时期,作为春播玉米的适宜播种期。

2. 拔节至抽雄

春玉米在日平均温度达到18℃时开始拔节。这一时期玉米的生长速度在一定范围内与温度成正相关,即温度愈高,生长愈快。所以穗期在光照充足,水分、养分适宜的条件下,日平均温度在22~24℃时,既有利于植株生长,也有利于幼穗发育。

3. 抽雄至成熟

玉米花期要求日平均温度为26~27℃,此时空气相对湿度适宜,可使雄、雌花序开花协调,授粉良好。当温度高于32℃,空气相对湿

31

度接近 30%,土壤田间持水量低于 70% 时,雄穗开花持续时间减少,雌穗抽丝期延迟,而使雌、雄花序开花间隔拖长,造成花期不能很好相遇。同时由于高温干旱,花粉粒在散粉后 1~2 小时内即迅速失水(花粉含 60% 水分),甚至干枯,丧失发芽能力;花柱也会过早枯萎,寿命缩短,严重影响授粉,而造成秃顶和缺粒。

成熟后期,温度逐渐降低,有利于干物质的积累。在这一时期内,最适宜于玉米生长的日平均温度为 22~24℃。在此范围内,温度愈高,干物质积累速度愈快,千粒重愈大。反之,灌浆速度减慢,经历的时间也相应延长,因此,千粒重降低。当温度低于 16℃ 时,玉米的光合作用降低,淀粉酶的活性受到抑制,从而影响淀粉的合成、运输和积累。由于低温使灌浆速度减慢,延迟成熟,故易受秋霜危害。当温度高于 25℃ 时,又同时遇到干旱影响,将使籽粒迅速脱水,出现高温逼熟现象。因此在温度低于 16℃ 或高于 25℃ 时,都会使籽粒秕瘦,粒重减轻,产量降低。

(二)高温对玉米的伤害

不同的作物或作物的不同生育阶段及生命活动过程均有自己的最低、最适和最高温度,即三基点温度。一般认为最高温度即为作物完成其生育进程的最高临界温度,当环境温度高于作物生长发育的最适温度时,就开始不利于其干物质的生产或者说导致其生产潜力乃至实际产量的降低,在这个意义上,可以认为对作物生产构成了高温胁迫。

1. 高温对玉米生长发育的影响

较高的温度条件一般促进作物的生长发育进程,导致生育期变短。玉米覆膜栽培条件下,土壤温度升高,使出苗期提前 6.3 天,抽雄期提前 12.5 天,吐丝期提前 11.8 天,成熟期提前 18 天,促进了玉米的生育进程。对 6 个玉米自交系的苗期性状的研究发现,高温使玉米单株干重和叶面积变小,比叶重增大,叶片伸长速率减慢,根冠比在 20~30℃ 内呈"V"形变化趋势;在营养生长与生殖生长共进阶段,高温使玉米生长速率(CGR)和叶面积比(LAR)增大,但净同化率(NAR)下降。

作物的开花期对高温非常敏感。离体条件下,玉米开花期遇36℃以上的高温会使其受精率急剧下降,这是因为玉米的花粉在高温下没有热激反应,容易失活,虽然雌穗较耐高温,在高温下有热激反应,但在授粉后却没有热激反应。

2. 高温对玉米生理生化的影响

大量研究表明,高温抑制淀粉合成不是由于光合产物的供应不足造成的,而是由于淀粉合成过程中某些酶的失活引起的。研究发现,35℃高温使离体条件下玉米籽粒蔗糖酶活性降低,穗柄中蔗糖浓度较高,而葡萄糖和果糖浓度较低,高温可能通过影响蔗糖向籽粒中的卸出,进而影响淀粉的合成。对玉米苗期的研究表明,高温使玉米叶片叶绿素和类胡萝卜素含量降低,PS Ⅱ 的效率(Fv/Fm)和量子产量(ΦPS Ⅱ)都下降,光合强度降低,但 PEP 羧化酶和 RuBP 羧化酶的活性均保持较高的水平。

3. 高温对玉米产量和品质形成的影响

多数研究认为,高温对作物的产量有不良影响,产量降低的幅度因高温胁迫的程度、时期及试验条件不同变化较大。玉米全生育期生长在30℃和10小时光照条件下较20℃条件下产量降低49.8%;在离体培养条件下,玉米籽粒在35℃温度下培养4天和6天,籽粒干重分别降低40%和77%。玉米籽粒胚乳细胞分裂期高温胁迫,不仅降低籽粒库容量,而且影响以后的灌浆速率,对产量的影响更大。一般认为,玉米籽粒生长的适宜温度是25℃,温度每升高1℃,籽粒产量降低3%~4%。

(三)低温对玉米的伤害

玉米在生长发育过程中需要较高温度。温度不足,是限制玉米分布的主要因素。在高纬度、高海拔地区,低温、霜冻又是造成玉米产量不高、不稳的重要原因。玉米在各生育阶段均有遭受冷害的可能性,但在生产上还是以玉米种子发芽、苗期以及生育后期受冷害影响而造成减产最为常见。

1. 低温对玉米种子发芽及幼苗生长的影响

种子吸水后较长时期处于低温下会因霉菌的侵入而坏死。研究表明,玉米种子萌发对温度的适应范围基本上趋于一致,最适范围在25~30℃;也有研究认为,玉米种子发芽的最适温度是24~31℃,并且在最适温度范围内,温度越高,萌发的速度越快。

温度从30℃降到15℃,玉米幼苗初生根的细胞分裂和细胞伸展均受到影响。30℃时二者生长正常,10℃低温使根细胞伸长所受的影响大于细胞分裂。土壤温度在12℃以下,玉米根系发育不良,根生长区出现肿大现象,呈鸡爪状,根毛迟迟不长,应与土壤低温使细胞无法伸长或细胞无法侧向扩大所致有关。

对玉米三叶期进行低温处理表明,在日平均温度1℃的条件下,经最低气温 -2℃处理8小时,幼苗致死率为2.5%;-3℃持续4小时致死率增加到72.5%;-3℃是玉米三叶期幼苗致死的临界温度,低温持续2小时为致死的临界时间。高于 -3℃的短时间低温,幼苗不会受伤致死,只表现叶片萎蔫,叶片边缘出现坏斑。以后随温度回升到正常,边缘坏斑仍不会消失。可见低温强度是幼苗致死的先决条件,低温持续时间是影响幼苗存活率的重要因素。

2. 低温对玉米生育的影响

玉米生育期间在水分条件得到满足的情况下,温度的高低及积温的多少,是直接影响生育的主要因素。

很多研究者认为,温度对初生根长度的影响较小。萌发开始后,胚轴及初生根的伸长在很大温度范围内可用与时间的线性关系来表示。只是在严重低温胁迫时,根中糖含量下降,呼吸强度降低,才导致生长停止。

玉米株高主要由节间长度和节数决定。抽穗后测定,低温处理的株高明显矮化,株高比对照植株矮30~40厘米。主要是由于节间缩短和节数减少两个因素造成的。影响株高降低的关键期是拔节后期到孕穗前期的低温。

灌浆期低温使植物干物质积累速率减缓,即灌浆速度下降。玉米上部叶片光合能力在低温下的降低而导致干物质积累速度降低,进而造成产量下降。因而在灌浆成熟期间出现连续20天以上的高温(≥20℃)日数,是理想的温度条件。

二、光照

（一）光照强度对玉米生长发育的影响

随着生产条件的改善和产量水平的提高,气候因素尤其是光照,对玉米生产的作用越来越重要。

大量研究认为,降低光照强度,可使玉米幼苗新叶出生速率显著下降;生长期间光合有效辐射的水平可以显著地改变叶片的形态学、解剖学、生理生化等方面的性能;在低光照强度下的叶厚度仅为高光照强度下的 50%;由于遮光使叶片变薄,可显著提高比叶面积;遮光对最终的叶片数目没有影响。生长在高光照强度下的叶片比低光照强度下的叶片一般拥有更多更大的细胞。遮光对株高的影响结论不一。多数研究认为,遮光使玉米植株株型矮小。也有研究认为,早期遮光显著地降低了植株高度,遮光开始越晚,降低越少;后期遮光反而使植株高度增加。营养生长阶段遮光影响了叶面积、茎粗及生殖器官的发育,最终也影响了干物质产量和品质。

（二）光照长度（日长）对玉米生长发育的影响

1. 光周期现象

地球上不同纬度地区的温度、雨量和昼夜长度等随季节有规律地变化,在各种气象因子中,昼夜长短变化是最可靠的信号,不同纬度地区昼夜长短的季节性变化是很准确的。纬度愈高的地区,夏季昼愈长,夜愈短;冬季昼愈短,夜愈长;春分和秋分时,各纬度地区昼夜长短相等,均为 12 小时。自然界一昼夜间的光暗交替称为光周期。生长在地球上不同地区的植物在长期适应和进化过程中表现出生长发育的周期性变化,植物对昼夜长度发生反应的现象称为光周期现象。

2. 日长变化对玉米生长发育的影响

玉米属短日照作物,缩短光照,可促进玉米的发育,延长光照则延迟发育。玉米的光照反应特性对各地互相引种具有一定的指导意义。中国玉米栽培地域广阔,同一品种在不同地区栽培,由于日照时数和温度条件的差异,会引起生育日数的明显变化。一般是随着纬度的升高,发育逐渐延迟,生育日数逐渐增多;反之,生育期缩短。

3. 日长对玉米穗分化的影响

光周期对玉米性别分化也有显著效应。如果在玉米出苗后,每天8～10小时的日照,可以使玉米提早发育,生长不良,同时促使玉米的雄穗向雌性发展,在雄穗上可以长出雌花。在雄花序的中央穗状花序发育成为一个小雌穗(没有苞叶),并且可以结实。如果在出苗后处于长日照条件下,玉米生长旺盛,植株高大,叶子繁茂,发育迟延,甚至使雌穗变成营养体,不能形成生殖器官。

三、水分

根据玉米对土壤水的需要程度,玉米属于中生植物。一般情况下,可以忍耐暂时的土壤缺水和较低的空气相对湿度。在白天叶片发生暂时的萎蔫时,植株内仍保存着能够维持其生命活动所必需的最低量的水分。然而,如果长时间萎蔫,生长发育就要受到抑制,并且妨碍生殖器官的形成。所以玉米要获得高产,则需要一定量的水分。

(一) 干旱对玉米生长发育的影响

水分不足常常对作物的生长发育产生显著或深刻的影响。总的情况是延缓、停止或破坏植物正常的生长发育,加快或促进生活组织、器官和个体的衰老、脱落和死亡。而且随着缺水程度的加深或延长,这种趋势随之加强。在温和的或中等的水胁迫下,历时较短时,恢复供水后一般均可恢复,甚至短时能超过原来的水平,补偿一部分在缺水期间的损失。但在长期的或严重的胁迫下,常常造成不可逆的代谢失调,严重地抑制生长,影响发育和产量形成,甚至造成局部死亡。

在干旱胁迫条件下,玉米要发生一系列形态上的变化,如株高、生长速度、根系、叶片形态等的改变。大量研究表明,干旱胁迫对玉米的影响程度与干旱胁迫程度、持续时间、玉米生育时期有关,而且干旱胁迫程度越强,干旱胁迫时间越长,玉米受到的影响越大。

根系与耐旱性关系十分密切。发生水分胁迫时,根系会改变自身形态结构和构型,干物重积累也发生相应变化,并影响地上部"光系统"的建成和产量。干旱胁迫条件下玉米的根长比正常供水条件下偏长,尤其在抽雄—吐丝期。这是由于干旱胁迫迫使根系向土壤深层下扎,并分生出逐级侧生毛细根群,扩大根系吸收土壤水分的范围和面积,尽可能多地吸取土壤水分以满足地上部分生长发育对水分的需求,保持植株生命活力而不萎蔫,这是植物抗旱性的一个重要表现。

玉米苗期和拔节期进行适当的干旱锻炼,生长发育不会受影响,尚可提高玉米的抗旱性,最终还可提高籽粒产量。但在生育后期,尤其生殖生长期间,即使在轻度胁迫条件下,穗部性状变化更大,不仅穗长、穗粒数、穗粒重大幅度下降,而且雌穗抽出推迟,雌、雄穗发育失调。玉米生殖器官发育对水分胁迫的反应比营养器官更敏感,因而生殖生长期间干旱对玉米的生长发育及最终经济产量都有很大影响。

(二)渍涝对玉米生长发育的影响

玉米是一种需水量大而又不耐涝的作物。中国大部分玉米产区受季风气候的影响,夏季降水量一般占全年总降水量的60%~70%,而且降水时间相对比较集中,致使土地积水成涝,这是影响玉米高产稳产的一个重要因素。

玉米苗期生长过程遇到连续降水或洪涝灾害,造成土壤淹水,往往会影响植株的正常生长发育。陈国平等研究表明,玉米苗期不同程度淹水,均会导致产量下降,但下降幅度与受淹生育期、受淹程度、受淹时间长短有关。玉米苗期淹水后,由于缺氧而导致根系活力降低,矿质离子和有益微量元素的吸收率减少,有氧呼吸途径改变为有害的无氧呼吸,大量有害物质(H_2S、FeS 等)积累,作物根际环境恶化,影响根系的正常生长和发育。

土壤一旦淹水缺氧,植物就会做出一系列反应。首先是气孔关闭,导致蒸腾强度迅速下降。多数研究证明,植物的光合强度与蒸腾强度呈正相关,当蒸腾强度明显下降时,其光合强度也下降。淹水后植物叶片可溶性蛋白质下降,叶绿素含量下降加剧了光合作用的降低,导致植物叶片失绿、衰老。在涝渍胁迫条件下,作物为生存而维持一定的能量代谢水平,自身可通过调节代谢途径以避免有毒物质的形成和积累。

在三叶期、拔节期、小花分化期、开花期和乳熟期对玉米做淹水处理,各期淹水 3 天后出现的一个明显变化是叶片颜色变淡和植株基部有更多的叶片枯黄。淹水不同程度地降低了叶片叶绿素和全氮的含量,尤以三叶期和拔节期淹水后所受的影响最大。玉米在开花前对涝害反应较为敏感。三叶期和拔节期淹水单株产量降低显著,而开花期和乳熟初期淹水对产量没有实质性的影响。

四、土壤

(一)土壤类型

土壤是玉米根系生长的基础,为植株的生长发育提供水分、养分和空气,是玉米生产不可或缺的组成部分。中国地域辽阔,自然条件复杂,形成了种类繁多的土壤类型。中国土壤类型是依据中国土壤分类系统划分和命名,分为土纲、亚纲、土类和亚类等单元,包括 12 个土纲、28 个亚纲、61 个土类和 233 个亚类。其中,土类构成土壤分类系统的主体。不同的土类,表明土壤在成土条件、成土过程和土壤性质方面等都具有本质的差别。

中国各玉米产区的自然气候条件、耕作制度和栽培特点相差很大,土壤类型也各不相同。

1. 北方春玉米区的主要土壤类型

该玉米种植区包括黑龙江、吉林、辽宁三省,内蒙古和宁夏两个自治区,河北和陕西省北部,山西省的大部分地区和甘肃省的一部分地区,是中国最大的玉米产区。该玉米区的土壤类型以黑土和黑钙土为主,土层深厚,土质肥沃,非常有利于玉米的生长。

2. 黄淮海平原夏玉米区的主要土壤类型

该玉米种植区包括黄河、淮河、海河流域中下游的山东和河南两省,河北中南部,山西晋中南地区,陕西关中地区以及江苏和安徽两省北部的徐淮地区,是中国第二大玉米产区。在黄淮海平原夏玉米区,适合玉米栽培的土壤类型主要是潮土、褐土、砂姜黑土、棕壤等,但以潮土、褐土为主。

3. 西南山地丘陵玉米区的主要土壤类型

该玉米种植区包括四川、贵州和云南三省,广西、湖北和湖南西部,陕西南部以及甘肃的一小部分地区,是中国玉米的第三产区。该区90%以上的地貌为丘陵和高原,河谷平原和山间平地仅占5%左右。由于土壤瘠薄,耕作粗放,该区玉米产量水平较低,略高于南方丘陵玉米区。适宜玉米种植的土壤类型主要是紫色土。

4. 南方丘陵玉米区的主要土壤类型

该玉米种植区包括广东、福建、浙江、上海、江西、海南和台湾,以及江苏和安徽两省的南部,广西、湖南和湖北的东部。该区玉米种植面积不大,而且不够稳定。但该地区发展秋冬玉米生产的条件较好,潜力很大。该区玉米种植的土壤以红壤和黄壤为主,肥力较低,土壤侵蚀严重,玉米单产水平不高。

5. 西北灌溉玉米区的主要土壤类型

该玉米种植区包括新疆的全部,甘肃的河西走廊和宁夏的河套灌区。在中国的西部地区,随着降水量的逐渐递减,植被覆盖度也依次减少,由草原向荒漠化和荒漠过渡,在高原、丘陵、盆地及冲积平原、高阶地等不同地区,形成了干旱土壤和荒漠土壤。干旱土纲包括棕钙土和灰钙土;漠土纲包括灰漠土、灰棕漠土和棕漠土。本玉米区的土壤类型以栗钙土、棕钙土和漠土为主。

6. 青藏高原玉米区的主要土壤类型

该玉米种植区包括青海省和西藏自治区。玉米种植面积很少,栽培历史较短。海拔高,地形复杂,严寒是该区的主要气候特点。本玉米区的主要耕作土壤有黑钙土、栗钙土、灰钙土、灌淤土、棕钙土、潮土等。高山土也是青藏高原区的主要土壤类型,包括寒漠土、黑毡土等,位于青藏高原及其外围山地森林与高山冰雪带间的无林地带。青藏地区的自然特色是地势高、气候寒,自然条件恶劣,高原上不适合农作物的生长。只有在海拔较低的河谷地区,水热条件组合相对较好,适宜开展玉米种植。因此,河谷农业是青藏地区农业生产的特色。

(二)土壤质地

1.土壤质地的概念

土壤质地是根据土壤的颗粒组成划分的土壤类型,是土壤的重要物理性质之一。土壤质地对土壤的养分含量、通气性、透水性、保水保肥性以及耕作性状等均有很大影响,尤其在中国耕作土壤中有机质含量偏低的情况下,质地对土壤的相关性状的影响更加明显。

土壤质地一般分为沙土、壤土和黏土 3 类。土壤质地的类别和特点,主要是继承了成土母质的类型和特点,又受到耕作、施肥、排灌、平整土地等人为因素的影响。质地是土壤的一种十分稳定的自然属性,反映母质来源及其成土过程的相关特征,对土壤肥力有很大影响,常被作为土壤分类系统中基层分类的依据。

2.质地分类

目前,国内外主要的土壤质地分类标准有国际制、卡庆斯基制、美国制和中国制等。国际制是根据沙粒(2 ~ 0.002 毫米)、粉粒(0.02 ~ 0.002 毫米)和黏粒(< 0.002 毫米)三种粒级的含量划分为 4 类 12 级。美国制是根据沙粒(2 ~ 0.05 毫米)、粉粒(0.05 ~ 0.002 毫米)和黏粒(< 0.002 毫米)三种粒级的比例划分为 12 级。卡庆斯基制是依据土壤类型的差别对土壤物理性质的影响,采用二级分类法,仅以土壤中物理性沙粒($d > 0.01$ 毫米)或物理性黏粒($d < 0.01$ 毫米)的质量百分数为标准,将土壤划分为沙土、壤土和黏土 3 类 9 级。

3.土壤质地对玉米生长的影响

玉米是稀播、高产谷类作物,单棵独穗,自身调节能力很小,缺苗易造成穗数不足而减产。因此,提高播种质量,达到苗全、苗壮,对高产更为重要。播种深度应根据土质、土壤墒情等确定,一般以 4~6 厘米为宜。如果土壤质地黏重,墒情较好,可适当浅些;土壤质地疏松,易于干燥的沙壤土,可适当深些。应当注意,在土壤墒情、肥力较好的土壤上,播种过浅,会在苗期产生大量的无效分蘖。吴元芝和黄明斌(2010)就土壤质地对玉米不同生理指标水分有效性开展了研究。结果表明,土壤水分有效性大小为沙壤土 > 中壤土 > 重壤土,而且瞬时生理指标的土壤水分阈值低于日变化和整个试验阶段的累积指标。因此,土壤质地和不同生理指标的时间尺度都会影响玉米生理指标对土壤水分有效性的响应。

王群等(2005)对不同质地土壤夏玉米生育后期光合特性进行了研究。结果表明,黏壤土、壤土、沙质壤土和壤质黏土玉米生育后期光合速率差异达显著或极显著水平,玉米生育后期各处理的光合参数的日变化存在明显差异,不同质地土壤玉米光合速率、气孔限制值表现为黏壤土 > 壤土 > 壤质黏土 > 沙质壤土;细胞间隙二氧化碳浓度表现为沙质壤土 > 壤质黏土 > 壤土 > 黏壤土;气孔导度表现为质地黏重的土壤大于轻质土壤。蜡熟期各处理的光合速率、气孔导度、气孔限制值明显小于乳熟期。施肥使各种质地土壤玉米光合速率、气孔导度和气孔限制值明显提高,二氧化碳浓度降低,尤其沙壤玉米变化最明显。

合理密植是玉米高产的重要措施。应根据土壤肥力、质地等确定种植密度。土壤肥力高的土壤宜密植,土壤肥力低的土壤宜稀植;土壤质地轻、通透性好的土壤宜密植,土壤质地黏重、透气透水差的黏土地宜稀植。

五、养分

俗语说"有收无收在于水,多收少收在于肥"。可见水分和养分对作物生产的重要性。

（一）玉米需肥特点

玉米是需肥较多的高产作物,在生长发育过程中,需要吸收大量营养元素,其中氮、磷、钾三元素需要量最多,其次是钙、镁、硫、硼、锌、锰等元素。

玉米一生对氮、磷、钾的吸收数量和比例,随产量水平提高而增加外,还因土壤、肥料、气候以及施肥方法不同而有差异。玉米在不同的生育阶段,吸收氮、磷、钾的速度和数量,都有显著的差异。一般来说,玉米幼苗时生长较慢,植株小,对氮的吸收量较少,占总氮量的2%左右;拔节至开花期,进入快速生长,此时正值雌雄穗形成发育时期,吸收营养元素速度快、数量多,是玉米需要营养元素的关键时期,对氮的吸收占总量的50%左右;籽粒灌浆期,吸收速度和数量逐渐缓慢减少,此期对氮的吸收占总量的45%左右。玉米对磷的吸收规律基本上与氮素相同,拔节孕穗至抽雄达到高峰,授粉以后减慢。而玉米对钾的吸收,在抽穗授粉期吸收50%左右,至灌浆高峰时已吸收全部的钾。

根据玉米需肥规律和生产实践,玉米施肥应遵循以下基本原则:基肥为主、追肥为辅;氮肥为主、磷肥为辅;穗肥为主、粒肥为辅。基肥最好是优质腐熟农家肥或翻压绿肥等有机肥。施肥量和施肥方法还要依据产量指标、土壤肥力基础、肥料种类、种植方式以及品种和密度等综合运用。

（二）养分对玉米生长的影响

肥料种类、用量及施肥时期对玉米茎生长有显著的影响。氮、磷、钾肥用量足、比例适当时,茎秆生长正常,粗壮坚韧;严重缺磷的,植株矮小;氮、磷充足,钾肥缺乏时,茎秆基部节间易裂易折。据分析,玉米成熟时,氮/钾比例大于 3.5 的,茎秆质量差,易倒伏;氮/钾比例小于 1 的一般不发生倒伏。玉米高产栽培中要注意增施钾肥,提高茎秆质量,既利于输导作用,又益于粗壮抗倒。

矿质元素对叶面积及其功能期有显著影响。增施基肥,适量氮、磷作种肥,早追肥,能显著地扩大叶面积。在一般土壤肥力水平下,不同时期追肥的促叶效应也不相同。氮、钾均有延长叶片功能期的作用。玉米高产实践证明,中后期矿质营养水平较高,能延长叶片功能期,表现叶绿秆青、活棵成熟;缺氮时,根系活力降低,叶色黄绿,叶片早衰;缺钾时,叶片早衰,功能期变短。

第三章

玉米高产栽培理论与实践

本章导读：本章主要介绍了玉米的高产基础及玉米高产高效栽培技术，从土壤与养分、品种、水肥需求规律、春夏播玉米高产技术等方面进行了详细阐述，并对玉米机械化生产技术进行了探讨与展望。

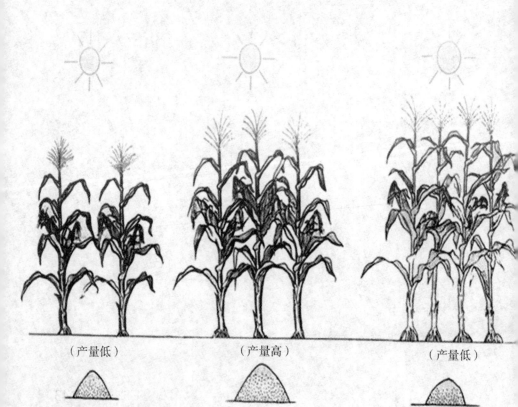

（产量低）　　　　　　（产量高）　　　　　　　（产量低）

过稀　　　　　　　　　合理密植　　　　　　　过密

　　玉米高产栽培是一门系统科学，从气候生态条件到土壤水肥条件，再到品种、栽培技术、植保防病等都是玉米高产重要的一环，每个环节都起着不可替代的作用。本章重点从土壤基础、品种选择、栽培技术、科学管理、综合防治等方面介绍玉米高产的理论与技术，为大田玉米高产提供技术支持。

第一节
玉米高产的基础

一、玉米高产的土壤与养分

（一）不同土壤对玉米生长发育的影响

　　土壤质地是反映潜在土壤生产力的重要指标。不同质地的土壤，肥力特性不同，不同类型的玉米品种，生物学特性各异。因此，土壤肥力具有生态相对性，玉米栽培也有良好的生态适应性，才能保证获得高产稳产。这充分体现出土壤与玉米生长的密切关系。

　　质地不同的土壤，其理化性质差别很大，机械阻力、颗粒组成和总孔隙度也不一样，这些因素通过影响气、水、热和营养在土壤中的移动及含量影响作物根系的生长发育。李朝海（2002）对不同质地土壤玉米根系生长动态进行了研究。发现黏质土壤玉米根系分布浅，支根多，根径较大；沙壤土玉米根系分布广，支根少，根径小；中壤土最有利于玉米根系的生长发育，表现为整个生育期生长发育比较协调。沙壤土玉米根系在吐丝后开始衰老，而中壤和黏壤玉米根系在灌浆期后才表现衰老，表现为玉米根系在沙壤土上早发早衰，黏壤土上晚发晚衰，中壤较为适宜。理解土壤与根系的互作关系可以为创造良好的根系生长环境提供依据,最终在特定的土壤条件下,采取相应的栽培措施使玉米的最大增产潜力得以实现。

(二)适宜玉米高产的土壤条件

土壤是玉米扎根生长的场所,为植株生长发育提供水分、空气及矿质营养,与玉米生长及产量形成关系密切。玉米对土壤空气状况很敏感,要求土壤空气容量大,通气性好,含氧比例高。其适宜土壤空气容重一般为30%,是小麦的1.5~2倍;土壤空气最适合含氧量为10%~15%。因而土壤深厚,结构良好,肥、水、气、热等因素协调的土壤,有利于玉米根系的生长和肥水的吸收,根系发达,植株健壮,高产稳产。据有关研究,由于沙壤土、中壤土和壤土容重比黏壤土低,总孔隙度和非毛管孔隙度大,通气性好,所以玉米根系数、根系干重、单株叶面积、穗粒数和千粒重都是沙壤土比中壤土多,壤土比黏壤土多;玉米株高和穗位高却是中壤土的比沙壤土的高,黏壤土比壤土的高;沙壤土玉米产量比中壤土高出12%左右,壤土比黏壤土增产8.3%。

玉米矿质营养主要来自土壤和肥料,土壤有机质含量及供肥能力与玉米产量密切相关。据田间试验,玉米吸收的矿质营养元素60%~80%来自土壤,20%~40%从当季施用的肥料中吸收。据研究报道,土壤基础肥力主要影响玉米穗粒数、千粒重;土壤肥力等级提高,穗粒数、千粒重极显著增加;基础肥力高的土壤,供肥能力强,后效产量高;土壤对玉米产量贡献率随肥力等级提高,从28.8%上升到68.2%,计肥力等级高1级的土壤,玉米产量的68.2%来自土壤基础肥力,为低肥力土壤的2倍以上。表明增施肥料特别是增加有机肥料,培肥地力,是实现玉米持续高产、稳产的重要措施。

为实现玉米生长健壮、高产稳产,应注意耕作、培肥土壤,使其具备熟化层深厚、养分含量尤其是有机质含量丰富、水稳定性团粒结构较多、耕层土壤松软、保水通气、土温平稳、有益微生物活动旺盛的基本特性。

（三）科学施肥

1.玉米生长所需营养元素及来源

玉米在生长过程中需要多种营养元素,其中大量元素碳、氢、氧、氮、磷、钾、钙、镁、硫,微量元素锰、硼、锌、铜、钼,此外玉米还吸收一些铝、硅等有益元素。由于玉米品种很多,且有春、夏播之分,要求营养元素的数量不尽相同。

（1）大量元素 玉米需求的碳、氢、氧等元素主要来自空气和水,而氮、磷、钾等元素则主要通过根系从土壤中吸收。作物对这三种营养元素的需要量比较多,而土壤提供的数量比较少,在农业生产中往往需要通过施肥才能满足作物对他们的需求,因此,氮、磷、钾被叫作"作物营养三要素"。

1）氮 氮是植物体内许多重要有机化合物的组成成分,例如蛋白质、核酸、叶绿素、酶、维生素、生物碱和激素等都含有氮素。氮的作用有合成生命存在的基础物质、构成核酸和核蛋白、叶绿素的组成元素、许多酶、维生素、生物碱和细胞色素的组分等。

2）磷 磷对植物的重要性并不亚于氮。它至少有3大功能:植物体内重要化合物的组成成分、积极参与体内的代谢作用、具有提高抗逆性和适应外界环境条件的能力。

3）钾 钾是高等植物普遍需要的一种金属元素。在植物体中,钾以阳离子的形态存在,在体内移动性很强,具有大量积累在细胞质的溶质和液泡中的特点。这就决定了它有多方面的重要作用:促进叶绿素的合成,参与光合作用产物的运输;有利于蛋白质合成;能增强豆科作物根瘤菌的固氮能力;增强抗逆性;改善产品品质;调节叶片气孔的运动,有利于玉米经济用水。

（2）中量元素 植物必需的中量营养元素包括钙、镁、硫 3 种。它们在植物生长发育过程中也有着十分重要的生理功能。

1）钙 钙的主要生理功能:植物细胞质膜和细胞壁的组成成分、酶促作用、中和解毒。

2）镁 主要生理功能:叶绿素的组分、酶的活化剂或是酶的构成元素、参与蛋白质合成、稳定细胞的 pH 值。

3）硫　主要有如下生理功能：参与蛋白质合成和代谢、参与体内氧化还原过程、酶的组成成分、影响叶绿素形成、挥发性化合物的结构成分。

（3）微量元素　植物必需的微量营养元素有铁、硼、锰、铜、钼和氯等。微量元素的生理功能：某些酶的成分，参与体内碳、氮代谢，参与叶绿素合成，参与氧化还原反应，促进生物固氮，促进生殖器官的发育等。玉米吸收的硼、锌、锰、铜、钼等元素，虽然需要的绝对量很少，但对玉米的生长发育起着十分重要的作用。

2. 玉米常用肥料的种类、性质和肥效

玉米生产中施用的肥料种类很多。据其来源、性质特点的不同，一般可区分为有机肥料、无机肥料、微生物肥料、新型肥料四大类。

（1）有机肥料　有机肥料又称农家肥料，它是农村中利用各种有机物质就地取材、就地积制的各种自然肥料。有机肥料资源是农业、畜牧业生产的副产物，农业、畜牧业越发展，有机肥料资源就越丰富。据调查，目前使用的有机肥料有 14 类 100 多种。有机肥料的范围很广，几乎包括除化肥外的所有肥料，其来源十分广泛，品种相当繁多。按有机肥料相同或相似的产生环境或施用条件，类似的性质功能和积制方法大致分为：人粪尿、堆肥、沤肥、厩肥、沼气肥、废弃物肥、天然矿物质肥、绿肥，此外还有泥肥、熏土、坑土、糟渣和饼肥等。

（2）无机肥料　无机肥料又称化学肥料。这类肥料的特点是所含营养成分比较单纯，大多数是一种化肥仅含一两种肥分。施入水中易被分解，很快见效，因此又称其为"速效肥料"。根据肥料中主要营养成分不同，可以分为以下几种。

1）氮肥　以氮素营养元素为主要成分的化肥。按氮肥中氮素形态划分可分为铵态氮肥、硝态氮肥和酰胺态氮肥三大类，包括氨水、碳铵、硫铵、氯化铵（铵态氮肥）、硝酸铵、硝酸钠、硝酸钙（硝态氮肥）和尿素、石灰氮（酰胺态氮肥）。

2）磷肥　以磷素营养元素为主要成分的化肥，包括普通过磷酸钙、重过磷酸钙、钙镁磷肥等。按照磷酸盐的溶解度划分，磷肥可分为 3 类：水溶性磷肥，如过磷酸钙、重过磷酸钙。酸溶性磷肥，如钙镁

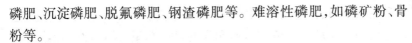

磷肥、沉淀磷肥、脱氟磷肥、钢渣磷肥等。难溶性磷肥,如磷矿粉、骨粉等。

3)钾肥 以提供植物钾素养分为主要功效的单元化学肥料。常用的钾肥有硫酸钾、氯化钾和草木灰等。

4)钙肥 常用的钙肥有生石灰、消石灰、白云石等。

5)镁肥 以提供植物镁素养分为主要功效的肥料。含镁肥料大多数呈镁的硫酸盐、氯化物、碳酸盐和磷酸盐等单盐或复盐。常见的含镁肥料种类较多,如硫酸镁、硝酸镁、氯化镁、含钾硫酸镁、钙镁磷肥、白云石、蛇纹石、磷酸镁、磷酸镁铵和光卤石等。

6)硫肥 具有硫标明量,并以提供植物硫素营养和作为碱土化学改良剂的物料。单纯作硫肥施用的品种不多,主要有石膏和硫黄,而许多是含硫的氮、磷、钾肥如硫酸铵、过磷酸钙、硫酸钾、硫酸镁、硫酸钾镁肥、硫酸亚铁、硫酸锌、硫酸铜和硫酸锰等。

7)微量元素肥料 微量元素肥料是指含有硼、锰、钼、锌、铜、铁等微量元素的化学肥料。常用的微肥除化学肥料(如硼砂、硫酸锌、硫酸锰等)外,还有整合肥料、玻璃肥料、矿渣或下脚料等,通常都用作基肥和种肥。

8)复混肥料 在一种化学肥料中,同时含有氮、磷、钾等主要营养元素中的 2 种或 2 种以上成分的肥料,称为复合肥料。含 2 种主要营养元素的叫二元复合肥料,含 3 种主要营养元素的叫三元复合肥料,含 3 种以上营养元素的叫多元复合肥料。包括有磷酸铵、氨化过磷酸钙、磷酸二氢钾、硝酸钾、尿素磷铵、铵磷钾肥。复混肥料按其制造方法可以分为化成复合肥、配成复合肥、混成复合肥。

(3)微生物肥料 微生物肥料又称菌肥、菌剂、接种剂,是农业生产中使用的肥料制品中的一种。与化学肥料、有机肥料、绿肥的性质不同,它是利用微生物的生命活动使农作物得到特定的营养效应,从而促其生长苗壮和产量增加的一类肥料。随着在现代农业中大力倡导绿色农业(无公害农业)、生态农业,微生物肥料将会在农业生产中扮演重要的角色。

微生物肥料的种类很多,按微生物肥料的功效可分为两类:一类是利用其中所含微生物的生命活动,增加植物营养元素的供应量,包括土壤和生产环境中植物营养元素的供应总量,从而改善植物的营养状况,增加产量。这一类微生物肥料的代表品种是根瘤菌肥。另一类是通过其中所含的微生物的生命活动,不仅提高植物的营养元素供应水平,而且还通过它们所产生的植物生长激素对植物产生刺激作用,促进植物对营养的吸收作用,或者是拮抗某些病原微生物的致病作用,从而减少病虫害,增加产量。微生物肥料的作用有以下几个方面:提高土壤肥力、固定大气氮素、提高玉米吸收营养的能力、增强植株抗逆性、降低生产成本、保护环境。

(4)新型肥料

1)缓释肥料 又称控释肥料,指所含的氮、磷、钾养分能在一段时间内缓慢释放并供植物持续吸收利用的肥料。具有使用安全、省工省力、提高养分效率、保护环境等优点。

2)二氧化碳气态肥料 目前国内外应用的二氧化碳肥料主要通过强酸与碳酸盐(或碳酸氢盐)反应、固态干冰、液态二氧化碳、液化石油气燃烧等途径获得。

3)药肥 就是含农药的肥料。其专用性强,施用效果好,在国外品种繁多,消费量大。在除草剂方面,美国以硫酰氨基酸类除草剂和液氨混合,用注入法施入土层 7~10 厘米深处,以造成施肥区无草带。

4)腐殖酸类肥料 以泥炭、褐煤、风化煤等为主要原料,经过不同的化学处理或在此基础上掺入各种无机肥料制成的肥料。常见的品种有腐殖酸铵、腐殖酸钠、黄腐酸、黄腐酸混合肥。

5)氨基酸类肥料 以氨基酸为主要成分,掺入无机肥制成的肥料称为氨基酸肥。农用氨基酸的生产主要以有机废料(皮革、毛发等)为原料,经化学水解或生物发酵而制得。在此基础上,添加微量元素混合浓缩成为氨基酸叶面肥料。

3.玉米施肥原则与施肥技术

要获得玉米的高产优质,在重视优良品种、综合栽培措施的同时,还要综合考虑作物营养特性、需肥规律、肥料性质,合理选择肥料种类或品种,做到施肥要对路。掌握最佳施肥时期,及时满足玉米养分的需要,才能达到增产效果。

(1)施肥原则 玉米对氮、磷、钾吸收数量和比例,因气候、土壤和种植方式不同也有较大变化。大致来说,每生产100千克需吸收氮2.5~4.0千克、磷(以五氧化二磷计)1.1~1.4千克、钾(以氧化钾计)3.2~5.5千克,氮、磷、钾吸收比例为1:0.4:1.3左右。玉米一生中吸收的钾最多,氮次之,磷较少。在不同生育期玉米对养分的吸收不同,春玉米与夏玉米相比,夏玉米对氮、磷、钾吸收更集中,吸收峰值也早。一般春玉米苗期(拔节前)吸氮较少,仅占总量的2.2%,中期(拔节至抽穗开花)占51.2%,后期(抽穗至成熟)占46.6%;夏玉米苗期吸氮占总量的9.7%,中期占78.4%,后期占11.9%。春玉米苗期吸磷占总吸收量的1.1%,中期占63.9%,后期占35.0%;夏玉米苗期吸收磷占总吸收量的10.5%,中期占80.0%,后期占9.5%。玉米对钾的吸收,春、夏玉米基本一致,在苗期生长的第一个月内,钾素吸收速率明显高于磷,拔节后迅速增加,抽雄吐丝期钾素吸收已达80%~90%;玉米吐丝1~2周、夏玉米籽粒形成以后,对钾的吸收几乎停止;有的品种还存在植株体内钾的外排现象。

(2)春玉米施肥技术 综合考虑玉米营养特性,需肥规律、肥料性质,合理选择肥料种类或品种,做到施肥要对路。在肥料选择上要做到以下3点。

1)购买肥料一定要到有固定场所、证照齐全、信誉良好的农资经营单位购买 购买时要查看包装是否规范,标签是否完整,有无厂址厂名、商标、生产日期、有效期等。同时,索要经营单位公章的信誉卡,购物凭证,要清楚标明购买时间、产品名称、数量、等级、规格、价格等重要信息。

2)肥料需合理搭配 农家肥养分齐全,肥效持久,可以活化土壤,改善土壤质地;化肥养分单一、含量高、见效快,但长期单一施用,会使土壤板结,通透性变差。如果将二者配合施用,则可以取长补短,显著提高肥料的有效利用率。据试验,猪鸡栏肥与化肥配合施用,可以比单施等量化肥增产12%以上。同时,农肥与化肥配合施用还会增强玉米的抗病、抗旱能力,改善玉米的品质。氮、磷、钾肥与微肥配合施用,可以大幅度提高肥料的有效利用率,增加玉米的产量。试验表明,尿素与微肥配合施用,对比单施尿素,氮素的有效利用率由34.0%提高到59.1%;磷酸二铵与微肥配合施用,对比单施磷酸二铵,磷的有效利用率由13%提高到36%;氯化钾与微肥配合施用,对比单施氯化钾,肥料有效利用率由34.3%提高到59.7%。复合肥与磷酸二铵搭配,氮肥与钾肥搭配。由于磷酸二铵发苗,建议每公顷以100千克磷酸二铵作口肥,以250~300千克复合肥作底肥。为满足玉米生长后期对钾肥的需要,追肥中以氮肥为主,搭配钾肥,建议每公顷玉米追肥用尿素300~350千克,加硫酸钾50千克。

3)根据玉米的需肥规律施肥 在施肥技术上应掌握"以基肥为主,追肥为辅;基肥以有机肥为主,化肥为辅;追肥以速效氮肥为主,氮、磷、钾肥配合施用"的原则。施肥方法可以概括为:施足基肥,适施种肥,轻施苗肥,巧施秆肥,重施穗肥,酌施粒肥。

☞ 基肥。基肥供给幼苗养分,发根壮苗;抽雄出穗时,基肥释放养分,供果穗籽粒灌浆。施用时结合机翻或畜力犁田耕地,将农肥的大量、氮肥总用量的60%、磷肥总用量的70%和钾肥的全部混合施入,做到土肥相溶、全层施肥。在春旱无灌溉条件下,对玉米增产非常重要。基肥种类主要有:堆肥、沤肥、牲畜粪等农家肥和尿素、磷铵、氯化钾等无机肥。

☞ 种肥。种肥主要供给玉米幼苗所吸收的养分,促进根系发达,增强吸水吸肥能力,提高玉米苗期抗旱、抗寒能力,并为玉米雌雄穗分化,提早授粉成熟,创造营养条件。一般每公顷用农肥1 000千克、过磷酸钙200~300千克(磷肥总用量的30%)、尿素60~80千克(氮肥总用量的10%)配合作种肥,或每公顷用玉米专用配方复合肥150~200千克作种肥。磷肥作种肥对根系伸长发达、增强抗旱能力有明显作用。

☞ 追肥。春玉米生长期较长,苗期生长缓慢,吸收养分较少,氮肥追施采用"前重后轻"的方式,即玉米拔节前期施用总氮肥量的 1/3,施用尿素 10～20 千克/亩。适期适量追肥可达到长秆、长穗、长粒的目的。根据玉米生产特点,一般主要在拔节、大喇叭口期和吐丝期分 3 次追肥,分别为拔节肥、穗肥、粒肥 3 种,看幼苗情况有时又施用苗肥,追肥一般以氮肥为主。

☞ 苗肥。是指从出苗至拔节前为促进苗齐苗壮而追施的肥料。地力足、苗壮的地块可不施或少施;对小苗、弱苗进行补肥,使其转弱为壮。在地力薄的地块可施硝酸铵 5 千克/亩或尿素 3.5 千克/亩,使其转弱为壮。

☞ 拔节肥。是指拔节前的追肥,也叫攻秆肥。拔节肥能促进中上部叶片增大,增加光合面积,为促进壮秆、增穗打好基础。拔节肥一般占总追肥量的 35% 左右。

☞ 穗肥。是指在玉米抽雄前 10～15 天的追肥,也叫攻穗肥。这时期是雌穗小花分化期,需肥水量多,是决定穗大小、粒数多少的养分时期。这时重施穗肥,肥水齐攻,使果穗的养分增多,粒多而饱满,对提高产量效果显著。穗肥的施肥量应占追肥总量的 65%。

☞ 粒肥。是指在玉米抽雄后至开花授粉前的追肥,也叫攻粒肥。粒肥要适期早施,因雌雄受精后籽粒中有机物质的积累,在前期速度较快,因而早施比晚施效果大。粒肥一般进行根外追肥。用 4%～5% 尿素溶液在乳熟期以前进行叶面喷雾,用量 50 千克/亩左右,或为了促进成熟,增加粒重,喷洒 0.2%～0.3% 磷酸溶液,用量 50 千克/亩左右,共喷 2～3 次。粒肥的主要作用是防止叶片早衰,提高光合率,促进粒多、粒重,获得高产。

(3)夏玉米施肥技术

1)抓住有利的施肥时机 夏玉米一般在播种后 25 天开始拔节,同时开始穗分化。播后 40～50 天进入玉米雌穗小花分化期,此时需肥量最多,即需肥高峰期,也是决定产量的关键期,农民习惯称大喇叭口期。因此,夏玉米播后 35～45 天是夏玉米追肥的最有利时机,应抓住时机尽快追肥,以满足整个玉米生长周期所需的营养。

2)把握好施肥时间 根据土壤肥力情况确定具体的施肥时间,

水浇地玉米对化肥吸收快,可选择播后 40~45 天追肥;高产水浇地可分 2 次施肥,第一次在播后 20~25 天施入,施用量占施肥总量的 30%~40%,播后 40~45 天进行第二次追肥;旱地化肥在土壤中溶化慢,可选择播后 30~40 天追肥。速效氮肥、碳铵可根据情况按期追肥,尿素须提前 3~4 天施入。

3)适宜的施肥量及其配比 按照目标产量施肥,既要施足氮、磷、钾,又要补充中微量元素,确保玉米高产优质。试验和实践经验都表明,每生产 50 千克玉米籽粒,夏玉米一般需吸收氮 1.25 千克、磷 0.58 千克、钾 1.08 千克。要实现 500~600 千克/亩的目标产量,每 0.067 公顷可施尿素 25~35 千克,过磷酸钙 40~50 千克,氯化钾 10~20 千克;每 0.067 公顷产 400~500 千克的地块可施尿素 20 千克,过磷酸钙 40 千克,氯化钾 6~8 千克;每 0.067 公顷产 300~350 千克的地块可施入尿素 15~20 千克,过磷酸钙 30 千克,氯化钾 5~6 千克。

4)注意施肥方法 不论尿素、碳铵、复合肥均应尽量采用穴施或沟施,埋施深度为 10 厘米左右,不宜离玉米根部太近,一般离播种行 20 厘米以防烧苗。尿素施后不宜立即浇水,在追肥后 3~4 天浇水效果最好。实践证明,玉米追肥时采用沟施覆土的方式,用量可以比表面撒施节省 10 千克左右,节省费用 20 元左右。

(4)干旱区玉米施肥技术 中国北方旱区旱灾频繁,大部分地区年降水量为 300~500 毫米,并且自然降水年际间变率大,季节分布不均,水资源总量不足全国的 20%,耕地平均水量约 5 580 米³/公顷,水资源更是缺乏,制约和限制了农村和农业的发展。旱农地区大多施肥少,粮食产量和农民收入仍然较低。目前中国北方大部分旱农地区处于经济相对贫困状态,在土地上投入的营养物质少,突出表现在有机肥多年内无明显增长,化肥施用量低于水地。据调查,西北旱地投入的氮素每公顷大多在 75 千克以下,而投入 2 215~3 715 千克/公顷者占相当大面积。因此发展北方的旱地农业势在必行。解决干旱地区农业缺水问题,并进而实现做到"以肥调水"、"以水促肥",从而提高有限水资源高效利用的中心环节是节水农业。

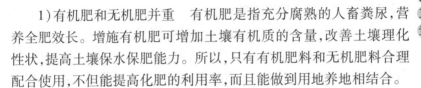

1)有机肥和无机肥并重 有机肥是指充分腐熟的人畜粪尿,营养全肥效长。增施有机肥可增加土壤有机质的含量,改善土壤理化性状,提高土壤保水保肥能力。所以,只有有机肥料和无机肥料合理配合使用,不但能提高化肥的利用率,而且能做到用地养地相结合。

2)氮、磷、钾肥科学配比,合理配施微量元素 增施磷、钾肥可促进玉米根系生长,提高玉米抗旱能力。要改"一炮轰"施肥为分次施肥,肥力高的地块氮肥以 3∶5∶2 比例为好,即全部有机肥及磷、钾肥和 30% 氮肥作苗肥,50% 氮肥用作穗肥,20% 氮肥用作粒肥;中肥力地块氮肥以 3∶6∶1 比例为好,即全部有机肥及磷、钾肥和 30% 氮肥用于苗期,60% 氮肥用于穗期,10% 氮肥用于粒期。根据试验,旱地玉米适宜的施肥量为施纯氮 18～21 千克/亩,五氧化二磷施 3.5～5.5 千克/亩,氧化钾施 5～6 千克/亩。在干旱条件下,做到平衡施肥,适当施用微量元素可以提高玉米抗旱能力。魏孝荣研究发现,在干旱胁迫下,施用锰肥能降低光合作用的气孔限制和非气孔限制,显著提高夏玉米光合能力。施用锌肥能明显改善玉米的生长,缓解干旱对玉米生长的抑制,提高玉米对干旱胁迫的适应性。

3)根据玉米的需肥特性和施肥特点施肥 玉米在幼苗期对磷、钾肥虽然需要不多,但很敏感。因为磷、钾在土壤中的移动速度较慢,因此,磷、钾肥要作基肥或种肥施用,并要分层施用,增产效果才会显著。玉米各生育期都需要氮肥,苗期植株小,生长慢,吸收氮少,拔节到开花期是营养生长和生殖生长并进期,此期玉米生长速度快,吸收的养分数量多,是施用氮肥的关键时期。

4)根据玉米目标产量需肥及土壤养分丰缺合理施肥 根据玉米目标产量和培肥地力的要求,需要多少就施多少,否则,不仅不能达到产量要求,反而会使地愈种愈薄。土壤缺什么施什么,缺多少施多少,因此,在根据玉米需要大量元素的同时,还要重视增加土壤缺乏微量养分的施用量。

5)玉米施肥方法 干旱地区玉米可以采用施沟肥、控向施肥和先进的节水灌溉施肥技术和化控技术来提高肥料利用率。施沟肥或控向施肥幼苗有趋肥性,根系向有肥的下面伸展,促使根系发达,提高抗旱能力,达到春季蹲苗发根作用,提高玉米抗倒伏能力,为生殖生长打下良好基础,促进产量提高。灌溉施肥的优点有:第一,养分,特别是氮可以在最接近植物养分需要期施用,玉米植株在快速生长期至乳熟期利用大部分的氮,这时施氮肥效果十分明显;第二,减少了1~2次田间作业,节省劳力;第三,在作物生长中期养分缺乏时可以通过加肥灌溉来补充。但是从灌溉水中施用养分存在养分不均匀的问题,如果有管理经验并且灌溉体系设计合理,这些问题就都不存在了。因为溶解的养分随水移动,水到肥到。但是沟灌时,大部分养分留在入水口处。为防止养分被淋洗到根系达不到的地方或者累积在表面,不应该在一开始就加入养分,在灌溉开始一段时间后开始加入肥料,灌溉终止前很短时间内终止加入肥料,效果最好。

(5)灌区玉米施肥技术 目前,在大部分情况下,供水是通过明渠、漫灌和沟灌来实现的。这些方法的水利用效率是相当低的,一般有1/3~1/2的带有营养元素的灌溉水不能被作物利用。

灌区的氮素流失主要有:漫灌容易造成肥料随水流失;追肥不当,且灌水不及时,也使追肥的利用效率不高。在田间,常常可以看到灌水后肥料仍裸露地表,经太阳暴晒后挥发,损失很大;部分沙土地上种植玉米,土层较薄,肥料投入量大,也造成挥发损失,肥效较低。也有误把氮磷复合肥、缓效肥料当追肥施用。

磷肥的施用上,除受土壤 pH 值影响较大外,在施肥深度上也不够深。由于磷本来在土壤中的移动性就很差,易被固定在土壤之中而不能被作物利用。因此在施用上,应将磷肥与有机肥混合施用,通过有机肥本身的酸性加上微生物的活化作用来提高磷肥的利用效率。

在施肥数量上要根据玉米目标产量、需肥及土壤养分丰缺合理施肥。以基肥为主,追肥为辅;有机肥为主,化肥为辅;追肥中以氮肥为主,以磷、钾肥为辅。高产田追肥掌握苗肥要轻,拔节肥要稳,穗肥要重,粒肥要补的原则。在墒情合适的情况下,夏玉米直播越早越好。若播种时墒情不好,灌区可先播种后灌溉。避免先灌溉造墒,影响播种机组下地,耽误播种时间。

在灌区可提倡施肥与灌水结合,实现经济施肥,从而达到改善生态环境,减轻病害发生,实现节水、增效、生态、环保的功能。

(6)测土配方施肥技术　玉米测土配方施肥是技术性很强的农业增产措施,包括6个方面内容。

1)肥料品种或种类　要根据当地肥源合理利用各种有机肥料。不仅可以为玉米提供多种营养元素,而且同时起到了培肥改土的作用。根据玉米的营养特性合理施用各种化肥,根据土壤条件合理选用化肥。

2)施肥量确定　目前施肥中存在的主要问题是盲目施肥严重,导致肥料利用率不高,施肥效果下降。特别是现在的农民一方面受"施肥越多越增产"的误导,愿意增加肥料投入,甚至攀比施肥;另一方面又缺乏科学施肥的知识,多采用"一炮轰"的施肥方法,导致肥料利用效率降低。盲目施肥绝大多数是氮肥施用过量,造成土壤养分不平衡。

配方施肥与农民习惯施肥相比有显著效果。一般有 3 个好处:①有利于提高作物产量(约 10%);②有利于节省化肥(氮肥,约10%);③有利于增加农民收入(依产品价格而定)。具体说,配方施肥具有施肥定量化的特点和养分平衡的特征。

测土配方施肥就是通过测定田间土壤各营养成分含量,确定经济合理的施肥配方。玉米施肥量是根据实现目标产量所需要的养分量与土壤供应养分量之差计算的,首先测定土壤中速效养分含量,每亩表土按 20 厘米土深算,共有 15 万千克土,如果土壤碱解氮的测定值为 120 毫克/千克,有效磷含量测定值为 40 毫克/千克,速效钾含量测定值为 90 毫克/千克,则每亩土地 20 厘米耕层土壤有效碱解氮的总量为 18 千克,有效磷总量为 6 千克,速效钾总量为 135 千克。

由于土壤多种因素影响土壤养分的有效性,土壤中所有的有效养分并不能完全被玉米吸收利用,需要乘以土壤养分校正系数。中国各省配方施肥参数研究表明,碱解氮的校正系数为 0.3 ~ 0.7,有效磷(Olsen 法)校正系数 0.4 ~ 0.5,速效钾的校正系数是 0.5 ~ 0.85。氮、磷、钾化肥利用率分别为:氮 30% ~ 35%、磷 10% ~ 20%、钾

40% ~50%。

例如:某县某地块为较高肥力土壤,麦后直播玉米,当年计划玉米单产达到 600 千克/亩,玉米整个生育期所需要的氮、磷、钾养分量分别为15.0 千克/亩、7.2 千克/亩和12.0 千克/亩。通过计算,若达到单产 600 千克/亩玉米,所需纯氮量为 14 千克/亩。磷肥用量为 21 千克/亩,考虑到磷肥后效明显,磷肥可以减半施用,即施 10 千克/亩。钾肥用量为 8 千克/亩。若施用磷酸二铵、尿素和氯化钾,则每亩土地应施磷酸二铵20 ~22 千克,尿素22 ~25 千克,氯化钾 14 千克。

3)施肥的养分配比　平衡施肥是作物获得高产、优质、高效的新技术。对于高产田,调整养分配比,比增加某种养分投入更重要。目前玉米田,氮、磷养分的施入比例为1:0.5。但是养分配比不是固定不变的,如长期施用磷酸二铵的农田,土壤速效磷含量增加较快,必须及时调整养分配比。氮、钾养分的比例应根据土壤条件、作物种类和钾肥来源,尽可能提高钾的比例,可以起到产量提高、品质改善和抗逆性提高的综合效果。

4)施肥时期　施肥需要抓住关键的施肥时期,作物养分临界期、幼苗期、作物营养最大效率期等。生产中一般是在玉米旺盛生长,养分需要量大的时期追肥效果好,如玉米的大喇叭口期。

5)施肥方式　一个完整的作物施肥方案由基肥、种肥、追肥 3 种方式组成。3 种施肥方式要根据气候、灌溉条件灵活掌握。

6)施肥位置　肥料应该施在根系分布较多的土层,这样利于作物根系吸收养分。玉米追肥应结合中耕采取侧下位施肥方法。玉米的追肥位置应该在根侧 10 厘米向下 6 厘米的地方。

．二、玉米高产品种

(一)品种选育

优良玉米杂交种的选育和推广,是实现玉米单产水平迈上新台阶的重要途径之一。如何选育出更好的玉米杂交种,是玉米育种工作者不断探索的问题。常规的育种程序是:制定育种目标,参照杂种优势模式,进行自交系配合力测定,选配杂交组合,通过对杂交组合进行多年多点鉴定,从中决选出最佳优良组合,参加国家或省级区域试验,通过品种审定,完成品种的选育程序。

1.育种目标的制定

制定育种目标是育种工作的首要任务。育种目标制定的正确与否是育种工作成败的关键。只有对选育品种的市场需求有了客观的认识和科学的预测,才能制定出正确的具体的育种目标,在育种的过程中就有据可依,克服盲目性,增强预见性,提高育种效果。育种目标的制定要依据选育品种的目标地区的耕作种植制度、自然条件、生产水平和发展趋势,围绕高产、优质、多抗、生育期适宜等来制定育种目标,既要有短期育种目标,又要有中长期目标。具体目标如下:

(1)高产　高产是育种永恒的主题。由于我国地域辽阔,生态条件复杂,因此,选育适宜不同目标地区使用的品种,对其单产水平要求也不同。总之,选择比当地主栽品种或省级或国家级区域试验中的对照种要增产5% ~10% 或10%以上的单产水平。

(2)优质　要求普通玉米籽粒营养品质达到国家品种审定的要求标准。商品品质达到国家二级以上标准。各类专用玉米则对营养品质、加工品质有特殊要求。

(3)多抗　多抗是指抗倒伏、抗病虫、耐旱、耐瘠薄等。多抗是高产优质的前提,是育成杂交种的关键,杂交种只有具备了多抗性,才能达到高产、稳产、广适的目的。

1)抗倒伏　玉米倒伏是由多种因素引发的、茎秆从直立状态到倒折的现象。倒伏一直是影响玉米产量和品质的重要因素,据统计,倒伏可导致玉米减产15%以上。当前,随着我国玉米品种、产量和栽培水平的不断提高,密植与倒伏的矛盾日益突出,玉米倒伏引起的产量损失呈加重趋势。

2)抗病虫　我国玉米病虫害众多,主要有真菌、病毒、螟虫、蚜虫、蟋蟀等引起的病虫害,这些病虫害都对我国玉米生产造成一定影响,危害严重时,甚至绝收。

3)耐旱、耐瘠薄、耐寒冷、耐热、耐涝、耐盐碱、耐阴雨寡照等非生物逆境 我国70%的玉米都种在干旱或瘠薄的地区,要保证玉米品种高产、稳产和广适,须对品种的耐旱、耐瘠薄等抗逆性高度重视。加强对品种抗逆性的筛选,提高品种抗逆性是玉米可持续生产、高产更高产的基础。

(4)耐密 美国现代玉米育种史表明,玉米种植密度逐步提高,不仅是玉米不断高产的重要途径,也是玉米育种中提高选择效率的重要措施。无论是自交系选育还是优良杂交种选育,在高密度这一人为创造的逆境下,对高产基因、高光效基因、高效利用土壤中有限养分和水分的基因及优良的根系和茎秆发育的基因,将能更有效地选择出来并累积到一起。相应地只有在高密度下这些品种才能发挥出最大的产量潜力。因而,现代玉米品种产量的不断提高,主要是通过提高玉米杂交种耐密性、抗逆性而得以实现的。

不同种植密度,如同不同平台。在同一平台上,从开始到结束,通过育种,品种在产量性状上、抗病性和农艺性状上将会得到优化,产量能有所提高。但这些优化在同一密度下是有限的,其优化达到极值时,产量进一步提高就很难了。因而,要保证玉米产量得到不断提高,玉米育种选择密度和相应的栽培密度需不断提高。随着我国农业种植业结构的不断调整,农民播种玉米从传统人工点播已逐渐向机播过渡,种植密度从过去稀植逐渐过渡到密植,农民对玉米品种的需求已由过去的稀植大穗型品种变为更适合密植的品种。

(5)生育期 品种生育期应以充分利用当地光热资源为基本原则,不同生态区应选育与生育期相适宜的品种。

(6)植株性状 植株矮小,光合器官不足,不易获得高产;植株高大,易产生倒伏危险。所以通常以选择中秆或中高秆较为理想。一般而言,穗位偏低,叶片不太宽,节间长,通风透光好,光合效率一般就高。雄穗小,节省营养,能促进雌穗的发育。而茎秆弹性好,韧性强,株高、穗位整齐一致也是高产品种应具备的植株性状。

(7)果穗性状 中等果穗、果穗结实性好、无秃尖、出子率高、籽粒容重高,轴细而硬。穗行数以14~18行为宜。籽粒灌浆快,成熟期籽粒脱水快,收获时水分含量低。果穗苞叶薄、数量少,成熟时松软,利于籽粒脱水和收获。

2. 杂交组合选配

育种实践证明:植株性状优良的自交系之间组配的杂交种,并不一定都表现较强的杂交优势。因此,玉米配合力测定是杂交玉米品种选育的核心。

(1)配合力测定 配合力是指自交系之间组配出高产杂交种的配合能力,杂交种的生产能力便是两自交系特殊配合力的直接反映,是杂交种选配的重要指标。要得知自交系配合力的高低,必须配制杂交种并进行产量比较试验,估算自交系的配合力。为配合力测定而配制杂交称之为测交,得到的杂交组合称为测交种;与各自交系测交所用的共同亲本称为测验种。

(2)对杂交种亲本自交系的要求 一般要求亲本自交系的配合力高,亲本间性状互补及其遗传差异大、主要农艺性状上没有共同缺点。把具有不同特点的亲本参照杂种优势模式进行组配,使双亲的各个优良性状都得以最大限度地发挥和互补,从而育成一个杂种优势较强、综合农艺性状优良、抗多种玉米病虫害、抗逆性强、适应性广的新杂交种。

3. 杂交种鉴定与筛选

对杂交种的鉴定与筛选,一般分4个阶段进行优中选优。

(1)自交系选育阶段 在自交系早代和晚代各进行一次杂交组合的初级测试,每个组合每点1次重复,3个以上点次。不同的地区,可以不同的密度以高于当地种植密度15 000株/公顷为宜。实施"唯一差异"原则,即是指除试验品种外,其他因素基本一致,试验田块、地力、肥水管理水平与农民生产水平基本一致,保证试验采集数据的一致性和质量。

(2)杂交选择阶段 第一年6个以上试点,每点每组合2次重复。种植密度以高于当地种植密度15 000株/公顷为宜。试验仍然保持"唯一差异"原则,选拔优良的组合。

(3)对优秀品种的特征特性的了解阶段 每个组合16个以上试

点,每点 2 次重复,两种密度(高于当地种植密度 15 000 株/公顷和当前生产的种植密度),第二年试验仍然保持"唯一差异"原则。同时对优良组合进行人工抗病接种鉴定和耐旱、耐瘠薄等鉴定试验,以全面了解优良组合的特征特性。

(4)最优组合定位试验 试验点次越多越好,1 次重复,2 年试验,大田生产种植密度同时参加省级或国家级的预备试验域区域试验。通过以上试验,确定最优组合的适应性、产量及综合性状的稳定性、对主要病虫害的抗性、种子生产的难易度和目标市场竞争力及应用前景。

4.区域试验、审定推广

品种完成区域试验程序,符合要求并通过省级或国家级审定,才可以在市场上推广应用。

(二)品种推广

推广玉米新品种是促进种植结构调整、加快科研成果转化的有效途径。

1.认识品种

无论国审还是省审品种都有其一定的适应范围,要想对品种有一个准确的市场定位,首先要对新品种有个全面的认识,要对品种的优缺点了如指掌,这样才能在推广过程中有的放矢。

(1)品种所需积温 随着种子市场的扩大,随着跨生态区的推广,对新品种的生育期绝不能仅仅停留在时间上,而要有一个比较准确的有效积温数。过去推广范围较小,一般都在本区域推广。现在,许多品种通过国审,推广范围扩大到全国,这就要求对品种在生育期内的积温有一个比较准确的了解,这样才不至于出现失误。

(2)品种的抗病性 没有哪一个品种能抗所有的病害,同时也不可能所有的地方发生同一种病害,即使发生同一种病害也不可能是同一种生理小种,所以要对所推新品种的抗病性有一个全面的认识,推广时避重就轻,把品种推广到不发病或发病较轻的地方。

(3)品种的适应性 适应性一般是指品种对土层厚薄、土壤肥力高低、天气变化等环境条件的适应能力以及对光照强弱、温度高低的

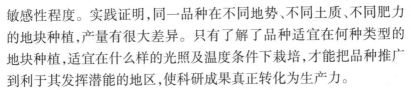

敏感性程度。实践证明,同一品种在不同地势、不同土质、不同肥力的地块种植,产量有很大差异。只有了解了品种适宜在何种类型的地块种植,适宜在什么样的光照及温度条件下栽培,才能把品种推广到利于其发挥潜能的地区,使科研成果真正转化为生产力。

(4)品种的特殊性 推广时还要明白品种的特别之处,如抗盐碱性、抗虫性、耐旱性、耐涝性以及耐高温、耐高湿等,以利于在推广过程中把品种放到特殊的生态区或特殊的小气候区,发挥其自身潜力。

2. 了解市场

(1)区域划分 我国玉米种植地区分布极广,根据各玉米产区的自然条件、栽培耕作制度等,大致可区划分为 6 个区,即东北—北方春玉米区,黄淮海平原夏玉米区,西南山地丘陵玉米区,南方丘陵玉米区,西北内陆玉米区,青藏高原玉米区。就黄淮海平原而言,也可划分为北部春播中晚熟区,中南部夏播中晚熟玉米区。甚至具体到某个县区也可划分出几个不同的生态区。只有了解了这些区划,在推广时才能有的放矢,少走弯路,少犯错误。

(2)种植制度 各地的区划与种植制度相连,每一区都有其典型的土壤结构和种植制度。但是,随着地膜覆盖技术的推广应用,使农作物生长季节内的有效积温相对增加了 $200 \sim 300℃$,使玉米生长期相对延长 $5 \sim 15$ 天,使得种植制度也发生了一定的变化。如春播特早熟区过去只能种植特早熟品种,通过地膜覆盖可以种植早熟品种;春播早熟区过去只能种植早熟品种,通过地膜覆盖可以种植中熟品种。这些变化都在影响着品种的推广销售,只有了解了各区的种植制度以及现在的变化,才能应对自如。

(3)农民的种植习惯 多少年来农民形成的种植习惯与种植制度一样重要,如有的地方喜欢高秆大穗品种,有的地方喜欢中秆中穗品种;有的地方喜欢红穗轴品种,有的地方不论穗轴颜色只注重产量;有的地方喜欢硬粒品种,有的地方喜欢马齿形品种;有的地方种植密度大,有的地方种植密度小,农民的这些喜好对于品种推广起着至关重要的作用。只有了解了当地农民的种植习惯,才能推广对路品种,才能防止所推的品种即使亏本经营农民也不接受的情况发生。

3. 转变观念

推广新品种也要转变观念,提高服务意识,立足为"三农"服务。为此,要求推广工作者必须加强学习,提高自身的业务水平,树立以顾客为中心的理念,建立健全良好的服务体系。

(1)把服务看作是新品种推广的开路先锋 每一个新审定或新引进、推广的品种都有其特殊性,并且每个品种都有一定的适应条件。

1)播种 对推广的新品种,农民的种植方式不一定适合。尤其是春播品种,有的品种苗期不耐低温,这就要通过调整播种期来避开晚霜;有的品种吐丝、散粉期对高温或高湿比较敏感,一些地区的玉米盛花期正好与高温或梅雨天气相遇,这也要通过调整播种期来避开影响。

2)密度 玉米种植密度与产量密切相关。就种植密度而言,各区又有各区的理念:黄淮海夏播区以中穗品种为主,一般密度偏高,大部分地区都超过 4 500 株/亩;而东华北春播区一般密度偏低,以稀植大穗品种为主。所以,在推广新品种时,如果是大穗品种往夏播区推广,那就要限制农民的种植密度,否则就容易出现秃尖、空秆;如果是中小穗高密度品种往低密度区推广,那就要让农民提高种植密度,否则新品种就难以发挥增产潜力。

3)田间管理 从整个农村来说,种地的大部分是老人和妇女,精耕细作早已成为历史,往往采取粗放式管理。以施肥为例,人们施肥时常常是"一炮轰",把所有的肥料一次性作底肥施入。这样对有的品种来说,会出现前期生长过旺,后期因脱肥而早衰的现象,最终导致减产。

(2)把售后服务看作是防止非种子质量事件发生的措施和保障 在生产实践中常见一些非种子质量纠纷事件的发生,给农民带来经济损失,同时也给推广种子的企业带来负面影响。

1)缺苗事件 种子本身发芽率高,农民在播种时把种子和化肥混种,致使化肥烧种形成不出苗。另外,播种太深或太浅也可能出现出苗差的情况。近年来,有的农民为了赶时间提前下种,结果由于地温低导致出苗迟缓甚至形成烂子。

2）空秆事件　各个玉米品种都有其适宜的种植密度，一般品种介绍都有说明，但是农民常常不按介绍种植，往往因栽培密度过大出现空秆、秃尖等现象。

3）虫害事件　在玉米生长的关键时期发生虫害，对玉米的正常生长造成影响。如苗期出现地老虎、金龟子危害，可使田间缺苗断垄；吐丝期发生蚜虫将影响散粉，发生黏虫将咬食花丝，都会影响玉米结实；灌浆期发生玉米螟、红蜘蛛、黏虫等虫害将影响籽粒灌浆，使产量下降。另外，在防治蚜虫、红蜘蛛等害虫时农民往往单打独斗，各自进行，也起不到应有的效果。

4）病害事件　近年来，个别地区及个别地块出现严重的玉米黑粉病、丝黑穗病以及玉米花叶病毒病，有的田间发病率达30%多，有的甚至高达50%以上。造成高发病的原因除气候、品种外，往往是上年地块残留或牲畜粪便带菌所致。

还有许多可以挽回损失的非种子质量事件，但由于农民对所发生的情况既没有引起足够的重视，预测预防能力也差，等到形成事实造成经济损失后就把所有的责任都归咎于种子质量问题，或到企业索赔或上访，结果最终受损失的还是农民。如果企业有完善的售后服务体系，在售出种子后多一些人性化的服务，对农民多举办一些培训活动或进行资料宣传，或在各个农事的关键时期给予提醒，指导他们进行各项农事活动，那将避免或减轻类似事件的发生，农民可少受一些损失，企业可多获得一些认可。

（三）新品种介绍

近年来，我国各片区每年新审定玉米品种很多，三大区国审加各省每年审定玉米新品种几百个，大量新品种上市也使得种子市场越来越呈现多、乱、杂的现象，本书不再作新品种介绍，国审及各省审定的新品种情况介绍可查阅每年主管部门的品种审定公告。

三、玉米水肥需求规律

（一）玉米需水规律

1. 玉米需水规律

指玉米生育期内的耗水量、耗水动态、耗水强度及不同生育阶段对水分的需求特点。

2. 玉米的需水量

指玉米生育期内所消耗的水量，是植株蒸腾耗水量和棵间蒸发耗水量的总和，通常叫耗水量，用毫米表示。其计算公式如：耗水量 = 播前土壤贮水量 + 有效降水量 + 灌溉总量 - 收获时土壤贮水量，式中：有效降水量 = 实际降水量 - 地面径流 - 重力水。

玉米耗水量因产量水平、自然条件、栽培措施等变化而不同，其变动在 300 ~ 700 毫米。通常一般产量水平下玉米耗水量在 300 ~ 400 毫米，高产水平下在 500 ~ 700 毫米，春玉米略高于夏玉米。

3. 玉米需水量的空间变化

夏玉米生长期恰处雨季，夏玉米需水与当地雨、热同步，除华北地区、黄淮地区外均无明显的灌溉要求。在华北与黄淮地区夏玉米缺水主要发生在大喇叭口期，进入 7 月雨季后基本无需灌溉。中国夏玉米产量为 10 500 ~ 12 000 千克/公顷时，需水量变化在 350 ~ 400 毫米，在济南附近为高值区达 400 毫米左右，西安至运城一线高值区为 400 毫米，其他广阔地区基本上在 300 ~ 350 毫米。

4. 玉米不同生育期的需水量

玉米在个体发育进程中的需水量是不同的。随着玉米生长过程的推进，地上部分进一步扩大，叶面积增加，玉米的需水量也不断增加。从第 7 ~ 8 叶形成期开始，玉米植株营养性生长显著加强，提高了植株对水分的需要量；开花到乳熟期，玉米要积累大量的营养物质，叶面积最大，需要的水分更多；到蜡熟期，需水量降低。

在玉米生育期中，从开花前期的 8 ~ 10 天开始，大约 30 天内，是植物水分代谢的临界期,此时玉米植株对水分最为敏感,植株的耗水量占全生育期总耗水量的48.9%。这个时期保证植株的需水量,对开花、授粉和籽粒形成都有重要影响。

5. 玉米不同生育阶段对水分状况的反应

玉米在不同的生育阶段有不同的生长发育中心,处于生长发育中心时期的组织和器官对水最敏感。某一中心的生长发育一旦完成,对水的敏感性便大大减弱。同时,生长发育中心的组织或器官之间,亦往往表现出对水的敏感程度不同。营养生长阶段的水分状况,直接影响营养体的结构和大小。因为营养体的结构和大小决定着植株的干物质生产能力,所以也间接影响籽粒产量。生殖生长阶段的水分状况一方面直接影响生殖器官的生长发育,另一方面也通过影响根和叶的功能而影响产量。生殖器官中,雄穗比雌穗耐旱,雌穗是玉米所有器官中对缺水最为敏感的器官,特别是花柱的生长,对轻微缺水便有明显的反应。

1)出苗至五叶期(展开叶) 因植株生长缓慢,植株体较小,耗水量少,一般能保证玉米出苗的土壤水分,足以维持根系的正常生长。此时叶片水势略低些,形成较大的根/叶比率是有利的。相反,因为此期上层节根还没形成,根的气腔极不发达,茎生长点还在地下,所以对土壤淹水特别敏感。

2)五叶期至拔节 这个时期如满足根系生长所需要的水分,同时使叶的生长受到一定限制,对籽粒生产是有利的。这一阶段的前半期跟五叶期以前一样,对轻度缺水不敏感,对淹水仍相当敏感。从这一阶段的末期开始,植株对缺水变得越来越敏感,而对淹水变得越来越不敏感。

3)拔节至抽雄 这一阶段是茎、叶生长最快的阶段,是营养生长向生殖生长过渡的阶段,也是茎、叶对水最敏感的阶段。供水充足,能使根、茎、叶充分生长,对建成足够大小的营养体有关键性的作用。从拔节至抽雄,生殖器官要经过一系列的发育变化,随着发育的进展,对缺水的敏感性急剧增强。拔节初期,雌穗生长锥伸长,短时间的轻度缺水,籽粒减产还不明显,但在第十至第十二叶展开时,缺水严重影响抽雄,同样程度的短时间缺水,籽粒产量一般减少 12% ~ 15%。

4)抽雄至抽丝散粉 植株对缺水最敏感。水分供应不足主要是抑制花柱的伸长,推迟抽丝,使果穗不能很好授粉结实,因而籽粒减产最严重。

5)抽丝以后至籽粒形成期 对水分的敏感性仅次于抽丝期。植株缺水萎蔫 4 ~ 8 天,一般籽粒减产 30% 左右。蜡熟期同样程度的缺水,籽粒减产 10% 左右。

6. 玉米不同生育阶段的需水规律

玉米苗期植株体小,耗水强度低,适当控水,反能增加根/叶比,构成合理的营养体结构。拔节以后,随着植株体的长大,耗水强度越来越大。与此同时,根、茎、叶进入旺盛生长阶段,雌穗生长锥开始发育,营养体此时对缺水最敏感,雌性生殖系统也开始对缺水变得敏感起来,在降水量不足的地区需要及时灌溉。至抽丝期,植株体最大,耗水强度也最大,又是玉米一生中籽粒产量对缺水最敏感的时期,所以是玉米需水的高峰时期。抽丝以后至籽粒形成期,植株的耗水强度和籽粒产量对缺水的敏感程度都仅次于抽丝期,因此,需水要求仅次于抽丝期。从乳熟期起直至完熟,虽然植株的耗水强度和籽粒产量对水的敏感程度都明显低于前一期,但比苗期的需水量要大得多。总之,苗期比较耐旱,需水少,从拔节开始,需水量增加,抽丝前后需水量最大,乳熟以后需水明显减少,以后越来越少,但仍比苗期多,直到完熟,终止需水。

(二)玉米需肥规律

玉米一生吸收的矿质元素 20 多种,包括氮、磷、钾 3 种大量元素和硫、钙、镁等中量元素,以及铁、锰、铜、锌、钼等微量元素与硅、铝等辅助元素。在 3 种大量元素中,玉米对氮的需求量最大,其次为钾,对磷的需求量相对较少。因播种季节、土壤肥力、肥料种类、品种特性和施肥技术不同,而对各元素的需求量存在较大的差异。

1. 玉米不同生长时期对养分的需求特点

每个生长时期玉米需要养分比例不同。从出苗到拔节,吸收氮

2.5%、有效磷 1.12%、有效钾 3.0%；从拔节到开花，吸收氮 51.15%、有效磷 63.81%、有效钾 97.0%；从开花到成熟，吸收氮 46.35%、有效磷 35.07%。玉米磷素营养临界期在 3 叶期，一般是种子营养转向土壤营养时期；玉米氮素临界期预比磷稍后，通常在营养生长转向生殖生长的时期。临界期对养分需求并不大，但养分要全面，比例要适宜。此时期营养元素过多、过少或者不平衡，对玉米生长发育都将产生不良影响，而且以后无论怎样补充缺乏的营养元素都无济于事。玉米营养最大效率期在大喇叭口期，这是玉米养分吸收最快、最大的时期。这期间玉米需肥养分的绝对数量和相对数量都最大，吸收速度也最快，肥料的作用最大，此时肥料施用最适宜，玉米增产效果也最明显。

2.玉米整个生育期内对养分的需求量

玉米生长需要从土壤中吸收多种矿质营养元素，其中以氮素最多，钾次之，磷居第三位。一般每生产 100 千克籽粒需从土壤中吸收纯氮 2.5 千克、五氧化二磷 1.5 千克、氧化钾 2.0 千克。氮、磷、钾比例为 1:0.5:0.8。

第二节
玉米高产栽培技术

一、春播玉米高产栽培技术

（一）直播春玉米高产栽培技术

1.品种选择

优良的玉米杂交种是经过科研单位和育种家经过艰辛的努力选

育而成的,在一定的经济、自然和栽培条件下具有稳定优良性状的生态类型,但优良的品种也具有一定的适应性,不同地区间随气候、土壤和耕作制度而变化,所以选用良种时应结合本地的生产实际,在试验示范的基础上,选用适宜当地推广种植的玉米杂交种,如郑单 958、先玉 335 等。

2. 种子处理

种子质量的优劣与苗全苗壮关系极大,所以播前应对种子精选,除去秕粒、霉变、破碎和病虫侵染过的籽粒,一般要求种子发芽率在 95% 以上。

为了提高种子发芽率和实现一次播种保全苗,播前应进行晴天晒种 2~3 天,通过晒种可促进种子后熟,降低种子含水量,增强种内酶的活性,杀灭种皮上的病菌,确保苗全苗壮。为了防治病虫危害,现已大力推广的种子包衣技术效果很好,可选用玉米专用种衣剂进行 1:50 的包衣,可以达到很好的防病保苗效果。

3. 适时早播

适时早播是提高玉米产量的有效途径之一,早播能够充分利用早春低温干旱的环境,促使地下部分生长迅速,地上生长缓慢,根系发达、节间缩短,提高玉米吸肥、吸水及抗倒伏能力。早播能够增加玉米光照时间,延长营养生长期,增加干物质的积累,有利于增产。当 5 厘米地温稳定通过 10~12 ℃ 时,即可播种。

4. 合理密植

合理密植是为了协调玉米群体与个体之间的矛盾,使其达到最大的经济效益。因品种和土壤肥力而异,平展型、晚熟品种、平肥地宽稀,一般保苗 4.2 万~4.8 万株/公顷;紧凑型、早熟品种、坡薄地适密,一般保苗 5.25 万~6.00 万株/公顷。改传统的大垄栽培为大小行种植,大行距 70 厘米,小行距 40 厘米,适当缩小株距,增加株数,改善田间通风透光条件,既能提高玉米的抗病抗倒能力,又能充分发挥玉米边际效应强的特点,增产效果非常显著。

5. 化学除草

在玉米播种后、出苗前施用除草剂,常用的药剂有 38% 莠去津

（阿特拉津）胶悬剂 2 250～3 000 毫升/公顷,50% 乙草胺乳油 2 250～3 000 毫升/公顷。当土壤干旱时,要先浇水后施药或雨后施药,适当增加用药量;有机质含量高的田块,适当增加用药量;反之,对有机质含量低的沙性土壤,适当减少用药量。

6. 科学管理,合理施肥

为了获得较高的产量,必须有足够的肥料作保证,要施足底肥,促进苗齐、苗壮,可为后期丰产打好基础。一般产籽粒 10.5 吨/公顷的地块,施优质农肥 60 吨/公顷、三元复合肥（氮、磷、钾各 15%）525～600 千克/公顷。还应视长势及时追肥,一般在玉米大喇叭口初期追施尿素 450～600 千克/公顷,在株间开口施入,边施肥边盖土,以提高肥效。

7. 合理灌溉

玉米拔节至抽雄期是玉米营养生长和生殖生长并进阶段,也是玉米生育期中生长发育的最旺盛时期。因此,在抽雄前 13～15 天,要视土壤墒情及时浇足浇好水,使土壤相对湿度达到 70%～80%。玉米进入灌浆至蜡熟的生育后期,仍然需要较多的水分,此时需水量约占总需水量的 30%,是籽粒形成的主要阶段,需要有足够的水才能将茎叶中制造和积累的营养物质输送到籽粒中。浇好灌浆水对玉米的高产也非常重要。浇水后,待地面发白时应及时中耕,以增加土壤的通透性,利于光热通畅,玉米正常生长。

8. 病虫害防治

（1）地下害虫防治 危害玉米的地下害虫包括地老虎、蛴螬、金针虫等,虫害较轻的地块,可采用种子包衣或通过耕翻、清除杂草等措施,可有效地防治或减轻虫害发生。地下害虫较重的地块,可用辛硫磷制成毒土施入播种沟内,毒土的制作方法:用 50% 辛硫磷乳油 100 克对水 500 克,拌入细干土或细沙中。

（2）玉米螟防治

1）农艺措施 选用抗虫品种,处理越冬寄主,在 5 月中旬以前在寄有玉米螟的秸秆、根茬上用白僵菌粉剂 100 克/米^3 封剁。

2）生物防治 施放赤眼蜂。放蜂 30 万头/公顷,分 2 次放蜂,第一次放蜂在 6 月 20 日前后,当百株落卵量达到 1.0~1.5 块时,放蜂 12 万头/公顷;第二次放蜂在第一次放蜂后 7~10 天进行,放蜂量 18 万头/公顷。具体操作方法:放蜂点设置为 60 个/公顷,每点放蜂卵 25 粒左右,每粒寄生卵有蜂 60~90 头,然后将蜂卡撕成相应的小块, 用曲别针别在玉米植株中部叶片背面。施放赤眼蜂时间要及时准 确,既要防止高温日晒和雨淋,存放时又要与农药、化肥等有刺激的 物品分开,放蜂前 3 天不能使用农药。

3)化学防治 在玉米大喇叭口期用辛硫磷颗粒剂散入玉米心叶 中,用颗粒 30.0~37.5 千克/公顷。

4)黏虫防治 用 2.5% 溴氰菊酯 3 000~4 000 倍液、5% 来福灵 乳油或 2.5% 功夫乳油 2 000 倍液喷雾。

9. 隔行去雄

隔行去雄是一项简单易行的增产措施。一是去雄后可以节约养 分供雌穗发育籽粒饱满;二是可以减少雄穗的遮光,增强光合作用; 三是可以将部分螟虫带出,以减轻虫害;四是在作业时可起到人工授 粉的作用,减少果穗秃尖、缺粒。一般可增产 5%~8%。

10. 适时收获

当玉米包叶变白、籽粒变硬、乳线消失、籽粒基部形成黑粉层时, 标志玉米已成熟,应及时收获。

(二)地膜覆盖春玉米栽培技术

玉米种植采用地膜栽培技术可以蓄热增温,提墒保墒,具有促进 养分释放的功效,从而可以提前播种,促进苗期生长发育,人为调控 局部生态环境,满足玉米生长发育的需求,实现早熟优质的增产效 果。

1. 精选整地,施足底肥

地膜玉米要选择土层深厚,保水保肥力强的中上等水浇地,拾净 残茬残膜精细整地,耕翻前,亩施优质农家肥 4 000~5 000 千克,玉 米专用肥 40~50 千克。

2. 适时早播,合理密植

地膜栽培的玉米一般可比露地玉米早播 7~10 天,以增加玉米的有效生育日数,一般掌握在当地5厘米地温稳定通过10～12℃、膜内地温达14℃时为最佳播期。近年来,机播玉米技术已大面积推广,可根据土壤墒情适时播种。播前应根据地力和选用品种特性合理确定种植密度,合理密植是玉米增产的关键措施之一,据试验玉米地膜栽培,穗粒数增加可达20%以上,亩增产50～100千克,所以增加亩种植株数是确保高产的第一要素。要因品种而异,一般平展叶型品种每亩3 000～3 500株,紧凑型品种每亩4 500～5 000株,晚熟品种宜稀,中早熟品种宜密。

3.科学管理,巧施追肥

地膜玉米吨粮田需施农家肥4 000千克以上,氮素26千克、五氧化二磷6.6千克、氧化钾13千克、硫酸锌1千克。在施足底肥的基础上应视长势及时追肥,因为盖膜后,土温升高,土壤活性增强肥料分解快,作物吸收快,玉米生长后期容易脱肥,一般应亩追施尿素30～40千克或碳氨50～80千克,在穴间开口施入,边施肥边盖土,以提高肥效。

4.及时浇水,中耕、除草

玉米拔节到抽雄阶段是营养生长和生殖生长并进阶段,也是玉米一生中发育最旺盛的阶段和田间管理最关键的时候,所以抽雄前10～15天要及时浇足浇好水,使田间持水量达到80%左右。

玉米进入灌浆至蜡熟的生育后期仍然需要相当多的水分,这时需水量占总需水量的30%左右,这一阶段是籽粒形成的主要阶段,需要有充足的水分才能把茎叶中所积累的营养物质输送到籽粒中去,所以浇好灌浆水对于玉米高产也是非常重要的。浇水后,待地皮发白时及时中耕、除草,以增加土壤的通透性,利于光热通畅,玉米正常生长。

5.病虫防治

玉米苗期可用50%甲胺磷乳油500倍药液配制毒饵撒在未盖膜的土上面,结合种子包衣防治地下害虫。大喇叭口期,可用辛硫磷乳油、甲六粉、呋喃丹等制成颗粒点心防治玉米螟,对纹枯病,大小斑病用50%井冈霉素100～500克对水喷雾,并结合人工摘除病叶。

（三）旱地春玉米高产栽培技术

由于旱地玉米受地区的温度、湿度、土壤结构、肥力、降水量等因素影响较为严重，且春玉米与其他季节栽种玉米相比产量较高、经济效益较好，所以笔者根据多年种植经验，结合气候因素、高产玉米品种、保水保墒、田间管理、播种密度与种植方法、田间管理等栽培技术进行分析，从而提高旱地春玉米的综合生产能力。

1. 优化土质

土壤优化整合是增加玉米产量的基本元素之一。由于旱地气候干燥、降水量较小，土壤干裂沙化较为严重，所以在挑选土地以及种植玉米之前要进行土壤优化。玉米根系较为发达，挑选的土壤应深厚、蓬松、肥力充足，以助于根系生长。由于降水量、气候、排灌水等因素影响，土壤长时间使用或搁置容易形成板结，因此在栽种之前要先进行深翻，耙耱土墒、挑拣杂物、清除根茬、细化土质等工作，一般在 30~45 厘米。根据地区长期栽种经验，施加相对应的杀虫剂、消毒液，避免土壤遗留病菌感染玉米栽种种苗。为增加土壤地力，补充玉米生长所需氮、磷、钾等元素，还应对土壤施加绿肥、粪肥、饼肥、豆肥等有机肥，同时浇灌底水，保土保墒。

2. 种子选择

春玉米比夏玉米播种早、产量高、经济效益好，但是播种早，地温常常是低而不稳，容易引起烂种，造成缺苗断垄甚至毁种，而且粗缩病发生重，严重影响其产量。为保证春玉米苗齐、苗匀、苗壮，实现高产高效的目的，避免地区栽种品种单一且种性退化、抗病性、生产能力下降等问题，在种苗的品种与品质的选择时应首选单位产量高、米质优良、脱水较快、耐密、耐高温、抗旱、抗倒伏、抗病虫害、耐储藏、适应性广、丰产稳产的优质品种，同时结合本地区的气候、土壤条件，选择适宜的品种，但也不可一味地追求外地品种。种子品质的选择应以形状圆润饱满、色泽光鲜明亮、大小均匀适中、无损伤虫蚀等为标准。

3. 播种方法

旱地春玉米的播种时间一般在 4 月上旬至 5 月中旬，温度适宜且保持稳定,无明显较大浮动。种子在撒播之前要进行筛选与分类,并进行催芽处理,以增强种子的抵抗能力与整齐度,同时还能减少大小苗不一、粗壮不等带来的种苗生长不利的现象,以提高单株生产力与整体产量。北方种植春玉米一般面积较大,地势平坦能够借助机器辅助人工操作提高效率。在种子播种时,可使用玉米点播器规定株距 25～35 厘米,穴深 3～5 厘米。种子播撒密度的适宜可有效地增加玉米单位产量、千粒重,根据经验一般每穴以 2～3 粒为宜,种苗以每亩 5 000～6 000 株为宜。也可采用双垄沟播栽培法,即采用 90～110 厘米的带型,小垄宽 30～40 厘米,垄高 10～18 厘米,大垄宽 65～75 厘米,垄高 8～13 厘米,大、小垄中间为播种沟。由于玉米是光合作用较为明显的作物,种植密度与株距则应考虑到植株的光照需求与通风透光环境,生长发育以及增产潜力等条件。撒播后要进行种子覆盖,覆盖土壤不宜过厚以保证种子的有氧呼吸,同时灌足底水,促进发芽。根据多年种植春玉米经验可地膜覆盖,将四周压实,以防风鼓膜,形成较为稳定的生长环境,提高土壤温度与湿度,抑制杂草生长,促进根系发育。

4. 合理施肥

施肥是补充和提高玉米生长力与产量的重要措施。在施加肥料时,应注意以下事项:基肥一定要充足,以壮苗早发、加速出叶速率、增大叶面、提前吐丝期、增加穗粒数,同时结合玉米长势、气候条件、土壤肥力、肥料利用率、产量目标等进行追肥;施加肥料的类型应以有机肥为主,化肥为辅,肥料中要包含氮、磷、钾等多种玉米生长所需元素,如粪肥、尿素、过磷酸钙、硫酸钾、氯化钾、硫酸锌、玉米专用肥、三元复合肥等以保证其生长旺盛;在生长的关键时期及时施肥,如拔节期、大喇叭口期、吐丝期、籽粒建成期等,但是在玉米高向生长旺期时,应少施化肥,防治徒长而株秆过高,抗倒性差;在施肥时,由于玉米根须较为发达,在主干 30～40 厘米附近有须根扩散,且有较强的吸收性能,所以应注意施加化肥离主干的距离不宜过近,以免烧根。

5. 田间管理

在玉米生长的过程中应结合中耕除草、适时浇灌、病虫害防治等工作。中耕除草一方面可以避免因田地杂草丛生抢夺玉米肥料阻碍其正常生长,同时,由于杂草根系遍布,适时清除可起到蓬松土壤、通风透气的作用。由于旱地种植玉米会因降水量小、土壤所含水分较少、气候干燥而影响玉米穗形,在生长期要注意浇灌水的供给,以促进形成大穗,提高产量。玉米常发生病虫害,要根据生长环境与生长期提前做好预防,如玉米小斑病,主要发病症状为在玉米叶片上出现黄褐色斑点,严重时会影响叶鞘、苞叶、果穗和籽粒的生长,此病在抽雄后发病最为严重,贯穿整个生长期。玉米病毒病主要表现症状为叶片上形成褪绿线条纹,株型矮化、心叶出现不规则褪绿斑驳,主要发病于苗期,此病由蚜虫传毒,病毒可汁液接种。还有常见的病害玉米圆斑病、玉米花叶病、玉米矮花叶病、玉米黑穗病、玉米霉斑病、玉米黑粉病、玉米茎腐病、玉米锈病、玉米炭疽病、玉米条纹矮缩病等。常见虫害有:地老虎、蜗牛、玉米螟(钻心虫)、红蜘蛛、玉米灯蛾等。应对常见病虫害可以采取两方面的措施,一方面是农业防治,如定期翻耕土壤、保持田地的通风透气性能、加强田间管理、科学施肥、合理浇灌等;另一方面可采用化学防治如敌敌畏、多菌灵等专业防治药剂,按照说明书规定比例稀释后喷洒使用。

二、夏播玉米高产栽培技术

(一)选用高产优质杂交新品种

不同玉米品种的生育期、产量、抗逆性等特征特性差异较大,适宜种植区域也不同,品种选择的好坏直接影响玉米的产量和经济效益。因此,在玉米生产过程中对品种的选择十分重要,目前,市场中的玉米品种比较繁杂,在品种选择上要从实用出发,不要过于求新,以免造成不必要的经济损失,在良种选择上要注意坚持以下几个原则。

1. 品种要通过正规审定

选择国家或省审定的品种,注意对其产量、适应性、品质、抗性

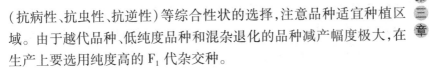

（抗病性、抗虫性、抗逆性）等综合性状的选择，注意品种适宜种植区域。由于越代品种、低纯度品种和混杂退化的品种减产幅度极大，在生产上要选用纯度高的 F_1 代杂交种。

2. 品种生育期要适宜

一般生育期短的品种产量较低，生育期长的品种产量较高。生育期过短，影响产量提高，生育期过长，后期温度偏低导致有效积温不够，玉米不能正常成熟，收获时含水量偏高，成熟度较差，影响品种发挥增产潜力。过渡带属于一年两熟或两年三熟地区，玉米的生育过程较长，应该使其占满整个生长季节，充分利用该区域的光热资源。在玉米品种选择上，可选用中熟品种。焦建军（2008）研究认为，根据豫南光热资源和种植方式，光、热资源充足及麦田套种时，应选用增产潜力大的中晚熟品种；麦茬直播宜选用生育期稍短的品种。主导品种为：郑单958、浚单20、农大108、伟科702、蠡玉16、先玉335、登海605等。

3. 选择种子质量好的良种

种子质量对玉米生产影响较大，在选择好品种之后。根据种子的纯度、净度、发芽率和水分4项指标对种子质量进行划分，一级种子的纯度、净度、发芽率分别不低于98%、98%、85%，水分含量不高于13%；二级种子种子纯度、净度、发芽率分别不低于96%、98%、85%，水分含量不高于13%。达不到规定的二级种子指标，原则上不能作为种子出售。新种子颜色鲜艳，种子脐部为黄白色，有光泽，籽粒饱满，大小基本一致，玉米双株种植技术整齐度高，无杂质；抓一把紧紧握住，五指活动，听有无沙沙响声，一般声音越大，水分含量越低。

4. 选择抗性好的品种

在玉米生产中常常受病害的影响，尤其在气象条件适宜病害发生时常给农民造成重大损失。近年来，玉米丝粗缩病、黑穗病、大小斑病、青枯病、穗粒腐都有不同程度的发生，给玉米生产带来较大影响。因此，品种选择时，要根据当地气候、生产条件和玉米病害的发生情况，参考当地农业部门的品种比较试验、其他农户的种植经验，选择适宜当地、抗病的玉米品种。不同地区因气候不同,病害的种类和发病的程度也存在差异。张士奇等(2008)通过调查分析,认为苏北适合种植的抗病性较强的品种主要有郑单958,苏玉10号,登海9号、11号等。

5.注意选用增值性好的品种

随着加工业、畜牧业的发展,玉米在食品、加工、畜牧养殖等方面需求量逐渐加大。因此,玉米品种的选择应以市场为导向,选择专用型玉米品种,如高淀粉品种、高油品种和优质蛋白玉米品种、糯玉米、甜玉米等。糯玉米、甜玉米还要考虑种植方式,错开大田玉米的散粉期,确保收获时玉米的纯度。玉米品种的选择要由过去的增产型向增值型发展。

6.结合玉米配套栽培技术选择品种

在选择玉米品种前,农民必须搞清楚该玉米品种的特征特性和配套栽培技术,如郑单958,果穗以上叶片上冲,属紧凑型品种,籽粒饱满,无秃尖,耐阴雨寡照,抗丝黑穗病。但密度必须达到6万株/公顷,并且在肥水充足的条件下,才能发挥耐密抗倒、单株产量稳定的高产优势,否则产量一般。因此,选择玉米品种时要结合当地历年种植情况进行确定。

7.玉米品种选择要考虑多个因素,选用紧凑型品种

大穗品种不等于高产品种,玉米产量的形成决定于株数、穗数、单株粒重3个因素。在过去70年中,美国玉米单株产量没有明显增加,而玉米总产量提高的主要原因是增强了品种的耐密性。单凭穗大决定不了产量的高低。紧凑型玉米品种株高适中、果穗均匀、无空秆,密植6万株/公顷不倒伏,在穗多和穗大的结合上实现高产。而大穗型玉米品种密植易倒伏、易空秆,稀植则会因穗数少而减产。选用合理玉米品种以充分利用生态资源,发挥区域优势,可实现过渡带夏玉米高产稳产。

(二)茬后整地

土壤是玉米根系生长的场所,为植株生长发育提供水分、矿质营养和空气,与玉米生长及产量形成关系密切。玉米对土壤空气状况很敏感,要求土壤空气容量大,通气性好,含氧气比例较高。土层深厚,结构良好,肥、水、气、热等因素协调的土壤,有利于玉米根系的生长和肥水的吸收,使玉米根系发达,植株健壮,高产稳产。

黄淮海区夏玉米绝大多数是采用麦茬免耕直播的方式种植,所以在收获小麦以后不再进行耕地和整地作业,直接在麦茬地上播种玉米。虽然不需要进行耕地和整地,但需要提前对小麦秸秆进行处理。在收获小麦时,最好选用带有秸秆切抛装置的小麦联合收割机进行收割作业(小麦留茬不宜超过 20 厘米,否则会影响以后玉米幼苗的生长),这样可以把小麦秸秆粉碎后均匀地抛撒到田间,在播种夏玉米时不需要再对小麦秸秆进行处理,也不会对玉米播种造成影响。如果用没有秸秆切抛装置的小麦收割机收割小麦,麦秸一般都比较长,而且是成堆或成垄堆放在地里,在这种情况下就需要在播种之前把麦秸挑开、铺散均匀,或者把麦秸清理出去,否则会影响玉米的播种质量,还会影响玉米的出苗。

(三)适期播种

1. 种子处理

玉米在播种前,可通过晒种、浸种和药剂拌种等方法,增加种子生活力,提高种子发芽势和发芽率,并减轻潜在的病虫危害,以达到一播全苗和苗齐、苗匀、苗壮之目的。

(1)晒种 在播种前选择晴天,摊在干燥向阳的晒场上,连续暴晒 2～3 天,并注意翻动,使种子晾晒均匀,可提高出苗率。

(2)浸种 在播种前用冷水浸种 12 小时,或用温水(水温 55～57℃)浸种 6～10 小时。还可用 0.15%～0.20% 磷酸二氢钾浸种 12 小时。若用微量元素浸种,可选用锌、铜、锰、硼、钼的化合物,配成水溶液浸种。浸种常用的浓度硫酸锌为 0.1%～0.2%,硫酸铜为 0.01%～0.05%,硫酸锰或钼酸铵为 0.1% 左右,硼酸为 0.05% 左右,浸种时间为 12 小时左右。

(3)药剂拌种 为了防止和减轻玉米病虫害,在浸种后晾干,再用种子量 0.5% 的硫酸铜拌种,可减轻玉米黑粉病的发生;还可用 20% 萎锈灵拌种,用药量是种子量的 1%,可以防治玉米丝黑穗病。

防治地下害虫可用 50% 辛硫磷乳油拌种,药、水、种子的配比为 1:(40~50):(500~600)。

(4) 种衣剂包衣 种衣剂是由杀虫剂、杀菌剂、微量元素、植物生长调节剂、缓释剂和成膜剂等加工制成的药肥复合型产品。用种衣剂包衣,既能防治病虫,又可促进玉米生长发育,具有提高产量和改进品质的功效,在生产上得到较快的普及应用。当前生产上应用的玉米专用种衣剂,可以防治玉米蚜虫、蓟马、地下害虫、线虫以及由镰刀菌和腐霉菌引起的茎基腐病,防止玉米微量元素的缺乏,促进生长发育,实现增产增收。包衣剂处理效果显著,一般保苗率和增产效果与对照相比,分别达到 22%~65% 和 10.3%~18.7%。

(5) 做好发芽试验 种子处理完成以后,要做好发芽试验。一般要求发芽率达到 90% 以上,如果略低一些,应酌情加大播种量。如果发芽率太低,就应及时更换种子,以免播种后出苗不齐,缺苗断垄,造成减产。国家对于玉米杂交种的发芽率要求为不低于 85%。

2. 播种时期

温度的高低对玉米生长发育影响极大。高于 10℃ 的温度是玉米生长发育的有效温度,一般播种应在地温稳定在 10℃ 以上时进行。过渡带夏玉米播种时期低温一般均在 10℃ 以上,"抢时间、争农时"是实现该地区夏玉米高产的一个关键问题。收获小麦以后土壤往往都比较干,如果在播种玉米之前先浇水的话,还需要再等几天才能下地作业,这样时间浪费太多。因此,夏玉米免耕播种时首先考虑的不是土壤墒情,而是时间。现在一般采取先播种、然后再浇水的做法,农民把这一水叫作"蒙头水"。

3. 播种

(1) 种植方式 玉米的行距种植方式是改善群体结构,提高光能利用率的重要调节途径。实践证明,在密度增大时,配置适当的种植方式,更能发挥密植的增产效果。玉米行距配置方式因品种和地力水平而异。茎叶夹角小、叶片上冲,根系向纵深发展的耐密型品种,在肥力高的地块上行距应窄些;高秆、叶片平展的品种,行距可宽些。通常玉米种植方式有等行平播、宽窄行密植、垄作等。

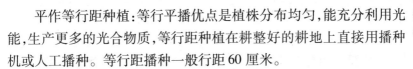

平作等行距种植:等行平播优点是植株分布均匀,能充分利用光能,生产更多的光合物质,等行距种植在耕整好的耕地上直接用播种机或人工播种。等行距播种一般行距60厘米。

平作宽窄行种植:玉米宽窄行栽培技术,与传统的耕作方式不同,这项技术具有以下突出特点:一是通风好、透光性高,边际效应明显;二是苗带平作轮换休闲与根茬还田相结合,既能防止风包地和雨水侵蚀,又能有效地保护土壤的有机质;三是田间管理由传统的三铲三趟一次追肥转变为一次深松追肥,减少了作业环节和作业面积,降低作业成本30%以上,既省工省时又节生产成本;四是蓄水能力增加、保墒能力增强。比常规垄作栽培土壤含水量提高1.8~3.2个百分点;五是可适当增加密度,实现以密增产。

播种模式为将原有60厘米的均匀行距改为40厘米的窄苗带和80厘米的宽行空白带,用双行精播机实施40厘米窄行带精密点播或精确半株距加密播种。播种后,当土壤出现1厘米左右干土层时,用苗带重镇压器对苗带进行重镇压,较干旱的地块,播种后应立即镇压。播种后,要及时选用高效、低残留的除草剂对土壤进行苗前封闭除草。

(2)播种方法 近年来,随着夏玉米铁茬机械播种面积的不断扩大,缺苗、弱小苗的现象也显著增加,部分地块高达20%~30%。在保证种子质量的前提下,夏玉米缺苗、弱小苗的发生与机械播种质量有关。机播要点主要有:

☞ 足墒播种。土壤水分含量不足时,可在小麦收获前浇足麦黄水,便于麦收后抢墒播种;也可在麦收后及时浇水,保证足墒下种。

☞ 定量播种。定量播种的一般原则是:出苗数是留苗数的2~3倍,种子数是出苗数的1.1~1.2倍,然后根据选择品种的种子千粒重确定种子数量。一般每亩播量为3~3.5千克。

☞ 稳定播深。播种深度是影响苗齐、苗全、苗壮的重要环节。夏玉米播种时只要水分适宜,种子"蒙土"就可扎根发芽,但易发生干芽;播种深度为1~1.5厘米时,夏玉米出苗较快但不耐旱;播深3厘米以上时,易导致出苗困难和弱小苗。因此,2~3厘米是夏玉米出苗最理想的播种深度,机械播种时应将播深稳定地控制在这一范围。

(3)播种量 合理密度,首先,要考虑品种特性;其次,如土壤肥力、施肥量大而合理,适宜的密度就大,在易旱而无灌溉条件的地区,种植密度宜稀。玉米播种量的计算方法为:用种量(千克)=播种密度×每穴粒数×粒重×面积。应重点发展玉米精播技术,提高播种质量。

(四)科学施肥

1.测土配方施肥

以土壤测试和肥料田间试验为基础,根据作物需肥规律、土壤供肥性能和肥料效应,在合理施用有机肥料的基础上,提出氮、磷、钾及中、微量元素等肥料的施用数量、施肥时期和施用方法。测土配方施肥技术的核心是调节和解决作物需肥与土壤供肥之间的矛盾。同时有针对性地补充作物所需的营养元素,作物缺什么元素就补充什么元素,需要多少补多少,实现各种养分平衡供应,满足作物的需要;达到提高肥料利用率和减少用量,提高作物产量,改善农产品品质,节省劳力,节支增收的目的。

2.施肥技术

(1)肥料种类

1)有机肥 有效成分有氮、磷、钾、微量元素和固氮菌等。这种肥的优点是养地,久用能改良土壤,肥效长,在玉米的整个生育期都会发挥作用,提高其他肥料的利用率,还具有一定的促早熟的功能。

2)化肥 化肥分单质化肥和复混肥。单质化肥有尿素、硝铵、氢铵、硫铵、钾肥等。复混肥有氮磷复合肥如二铵等,氮磷钾复合肥,还有含微肥的氮磷钾复合肥。化肥的特点是大多数都属速效肥,持效时间短。在购买和使用复混肥时,一定要弄清有效成分含量和持效时间长短。

3)微肥 含有微量元素的肥料,如稀土微肥、锌肥、硼肥等,用量少但作用大,能防止玉米的缺素症。

(2)基肥 基肥的作用是培肥地力,改善土壤物理性,疏松土壤,有利于微生物的活动,及时地供应苗期养分,促进根系发育。为培育壮苗创造良好的土壤环境,同时基肥也为玉米中后期生长供给一定的养分。基肥应以有机肥料为主,包括人、畜、禽粪,杂草堆肥,秸秆沤肥等。这些肥料肥效长,有机质含量高,还含有氮、磷、钾和各种微量元素。基肥应以迟效与速效肥料配合,氮肥与磷、钾肥配合。因此施用有机肥作基肥时,最好先与磷肥堆沤,施用前再掺合氮素化肥。这样氮、磷混合施用,既可减少磷素的固定,又由于以磷固氮,可减少氮素的挥发损失。

玉米施用基肥的方法有撒施、条施和穴施 3 种。这些方法,视基肥数量、种类和播种期不同而灵活运用。在基肥数量较少的情况下,多数采用集中条施或穴施,使肥料靠近玉米根系,易被吸收利用。

(3)追肥 由于夏播玉米农时紧,有许多地方无法给玉米整地和施入基肥。因此,掌握好追肥的时间、方法、数量以及根据缺素情况追施肥料种类是影响玉米产量的几个主要因素。

1)追肥时间 追肥应在玉米 10 片叶左右时进行,这样能促进小穗分化。追肥最好追 2 次,如果忙不过来也可在 7 月上旬 1 次追肥。掌握最佳追肥时间,实现科学施肥、经济施肥,为玉米增产增收打下坚实的基础。

2)追肥数量 追肥时期、次数和数量,要根据玉米吸肥规律、产量水平、地力基础、基肥和种肥施用情况等决定。高产田、地力基础好、基肥数量多的宜采用轻追苗肥、重追穗肥和补追粒肥的追肥法,苗肥用量约占总追氮量的 30%,穗肥约占 50%,粒肥约占 20%。中产田、地力基础较好、基肥数量较多的宜采用施足苗肥和重追穗肥的二次追肥法,苗肥约占 40%,穗肥约占 30%。低产田、地力基础差、基肥数量少的采用重追苗肥、轻追穗肥的追肥法,苗肥约占 60%,穗肥约占 40%。

3)苗肥 一般在定苗后至拔节期(叶龄指数 30%左右)追施。即将过去的提苗肥和拔节肥合为一次施用,有促根、壮苗和促叶、壮秆的作用,为穗多、穗大打好基础。苗肥除施用速效氮肥外,还可同时施入磷肥和钾肥,也可施入腐熟的有机肥。

4)拔节肥 拔节肥能促进中上部叶片增大,增加光合面积,延长下部叶片的光合作用,为促根、壮秆、增穗打好基础。追施拔节肥以氮肥为主,每亩可用 10～15 千克尿素沟施或穴施,避免大雨前追施,以防被雨水淋溶。对于土壤中磷、钾肥不足的田块,追肥时也可掺入三元素复合肥,每亩 7.5～10 千克。

5) 穗肥　玉米在大喇叭口期追施穗肥,既能满足穗分化的养分需要,又能提高中上部叶片的光合生产率,使运入果穗的养分多,粒多而饱满,穗肥追施以速效氮肥为主,每亩以追施尿素 15～20 千克为宜。

6) 粒肥　粒肥是指玉米抽雄以后追施的肥料,一般在灌浆期追施为宜。玉米抽雄以后至成熟期,还要从土壤中吸收氮、磷总量的 40% 左右的养分。同时籽粒产量的 80% 左右是靠后期叶片制造光合产量。因此,后期一般应施入一定数量的速效化肥,保证无机营养的充分供给,延长叶片功能期,提高光合效率,增加光合产物积累,促进粒多、粒重,以获得优质高产。

(五) 合理排灌

玉米需水量,又叫田间耗水量,指玉米一生所消耗的水分量。包括植株蒸腾量和棵间蒸发量(渗漏和径流),玉米需水量一般在280～300 米^3/亩,需水量受产量水平、品种特性、气候因素、土壤条件和栽培技术等条件的影响。

玉米一生不同时期需水量不同,苗期、穗期和花粒期需水量分别占到18%～19%、37%～38%、43%～44%。一般来讲,玉米在苗期需水量较小。玉米苗期需水量和日需水强度随产量的提高而增加,但产量水平较高时,差距缩小。穗期是玉米的需水临界期,也是灌溉的关键时期。夏玉米各生育阶段需水量以穗期最多,但不同产量水平地块差别较大。玉米开花散粉后,生殖生长旺盛,需水量较多,以后随着植株衰老,需水量逐渐减少。生产上需注意后期灌溉,防止干旱减产。

水分过多对玉米的不利影响称为涝害,当土壤含水量超过了田间最大持水量,土壤水分处于饱和状态,根系完全生长在沼泽化的泥浆中,涝害使玉米根系处于缺氧的环境,严重影响玉米生长发育,直接影响产量和品质。防御涝害首先是要因地制宜地搞好农田排灌设施,加速排出地面水,降低地下水和耕层滞水,保证土壤水气协调。低洼易涝地及内涝田应设置田间排水沟系,把垄沟同田外的支、干沟连成一体,建立畅通的排灌系统,遇涝时保证及时排水。易涝地区也可以采用垄背或台田种植,可以及时排除积水,使根系生长在通气条件较好的土壤里,有良好的防涝效果。研究表明,在苗期遇涝,后期又多雨的情况下,起垄栽培比平地栽培产量平均增产 13.3%。

(六)田间管理措施

田间管理要遵照玉米生育阶段和发育规律进行,不同生育阶段有不同管理目标及对应技术措施,为便于读者理解,本书以技术规程表格形成介绍夏玉米田间管理的主要技术措施,见表 3-1。

(七)化控调控

玉米化控常见的单剂有乙烯利、玉米健壮素、缩节胺、矮壮素等。尽管市场上不同名称调节剂较多,但万变不离其宗,上述单剂或其混剂,占市场上玉米控旺产品的 70% 以上。根据化控剂的属性选择施用时期,在拔节前施用控制玉米下部茎节的高度,在拔节后施用则控制玉米上部茎节高度。比较常用的玉米化控剂有:

1. 玉米壮丰灵

30% 玉米壮丰灵水剂(100 毫升)主要成分:乙烯利、芸薹素内酯,有效成分总含量 30%,在玉米抽雄前 7~10 天(玉米大喇叭口后期),12~13 叶龄,亩用 25 毫升对水 850 毫升(超低容喷雾器),或对水 20~30 千克(背负式喷雾器),均匀施于玉米顶部叶片,不可全株喷施。

2. 玉黄金

30% 水剂(10 毫升),它的主要成分是氨鲜酯和乙烯利,有效成分总含量 30%。在玉米田间生长到 6~10 片叶的时候进行喷洒,玉黄金在玉米的一生中只要使用一次就可以,而且用量很小,每亩只要 20 毫升。使用时,一支 10 毫升的玉黄金加水 15 千克稀释均匀后,利用喷雾器将药液均匀喷洒在玉米叶片上。每亩地用量为两支玉黄金。

表3-1 夏玉米田间管理的主要技术措施

生育阶段	播种—出苗	出苗—拔节	拔节—大喇叭口	大喇叭口—抽雄	抽雄吐丝—子粒形成	灌浆成熟
生育天数	5~6天	20天左右	20天左右	10~13天	12~13天	33~35天
主攻目标	麦垄套种，铁茬抢播，足墒早种，一播全苗	促苗早发，培育壮苗。标准为：苗宽，叶片宽厚，颜色深绿，心叶重叠		培育壮株，大穗多粒。标准：生长整齐、茎粗节短，叶色浓绿，上部叶片密集		防止茎叶早衰，促进灌浆增加粒重
主要技术措施	1. 选用综合抗性好，增产潜力大，品质优良，适应性广的郑单958、浚单20、伟科702、隆平206等玉米品种 2. 合理密植。中等地力中高产水平每亩种植密度可控制在4 000株，高肥力地块每亩可种4 500株 3. 种子处理。要注意选购玉米包衣种	1. 查苗补种：麦收后及时中耕灭茬，检查苗情。凡67厘米以内缺苗者，补苗处两端留双株不补苗，67厘米以上断垄，带土补栽大苗 2. 3叶间5叶定苗及间定苗5~6叶一次定苗，定苗后对弱苗偏施肥浇水，促进迟上大田苗 3. 土壤中的速效磷含量10~15毫克/千克以下，速效钾（K₂O）100毫克/千克以下1 100毫克/千克以下早施磷钾肥 4. 出苗后一心一叶期用吡虫啉对灰飞虱和菊酯类药物对二点委夜蛾重点防治，防止粗缩病大面积发生		1. 采用轻施苗肥，重施大口肥，足量分次追肥的原则。追肥：播种25天，可见9~10叶，展开叶6叶，亩用尿素10千克；大喇叭口期（第十二展叶）追尿素25千克/亩 2. 防治玉米螟：播后45天，大喇叭口期，虫蛀株率10%时，用1.5%辛硫磷颗粒剂撒施心叶，每亩用量	1. 抽雄剪苞有脱肥现象时，应补施攻粒肥，亩施尿素10千克 2. 水肥管理：玉米灌浆后期，若发生旱情要及时灌溉，以地皮见湿不见干为度。适当灌水可以增强茎叶功能，防止茎秆早衰，保证花秆成熟，增加粒重，提高产量 3. 病虫害防治：如发现玉米蚜、黏虫、棉铃虫、蚜虫等虫害，可用敌杀死等菊酯类农药喷雾防治。玉米生长后期易发生大小斑病、锈病、青枯病、黑粉病、黑穗病，可选用多效霉素、粉锈宁、多菌灵、代森锰锌，甲基布津等杀菌剂喷雾进行防治	

续表

生育阶段	播种—出苗	出苗—拔节	拔节—大喇叭口	大喇叭口—抽雄	抽雄吐丝—子粒形成	灌浆成熟
生育天数	5~6天	20天左右	20天左右	10~13天	12~13天	33~35天
主要技术措施	干。播前晒种1~2天，促进发芽，促根壮苗。4.足墒早播。在麦收前7~10天麦垄套种或麦收后抢种。5.墒情不足播种后，注意浇蒙头水，保证一次全苗。侧施优质种肥二铵或复合肥15~20千克	5.六片叶时每苗地喷玉黄金20毫升，每亩可增50~100千克。6.土壤含水量占田间持水量60%~80%，旱时结合追肥浇水		3千克。3.田间积水要及时排涝。4.抽雄期人工隔株去雄，当雄穗露尖手能握时，及时拔除雄穗，散粉结束后及时剪雄，可增产25~50千克	4.适当晚收：在不影响秋播正常整地播种的前提下，适时晚收。促进玉米灌浆和后熟。以子粒乳线消失的时间作为适时收获的标志，此期在苞叶发黄后40~50天（一般以苞叶发黄后推迟8~10天），含水率一般在30%左右。此时收获比传统收获时间偏晚6~8天。目前普遍存在的问题是过早收获，含水率偏高，容重低，霉粒、破损粒多，商品质差，既影响产量，又影响品质。适当晚收，利于玉米产量增加和品质提高	

3. 玉米健壮素

一种植物生长调节剂的复合剂。每亩用药 1 支(30 毫升)对水 15~20 千克,可在 5~6 片叶时喷施 1 次,矮化植株下部。但禁止在 8~10 片叶时(即小喇叭口期)施药。选择晴天(上午 9 点或下午 4 点),均匀喷洒在玉米植株上部叶片,只喷 1 次。

4. 缩节胺

商品名称助壮素、壮棉素;化学名称:1,1 - 二甲基哌啶氯化物。在玉米大喇叭口期,每亩用缩节胺(助壮素)20~30 毫升,对水 40 千克喷施。

5. 吨田宝

最新高科技产品,能使玉米茎秆坚韧、根系发达、抗倒能力增强,能降低穗位和株高而抗倒,能减少空秆、小穗,防秃尖,还可促早熟 2~5 天,一般增产 15% 以上。

此外,还有达尔丰、维他灵 2 号、化控 2 号、矮壮素、多效唑、玉米健壮矮多收、40% 乙烯利、康普 6 号(玉米抗倒专用)、金镶玉等,都具有抗倒增产的效果。

(八)病、虫、草害防治与防除

1. 播种期

播种期预防的病虫害主要有粗缩病、苗枯病、地下害虫、蓟马、鼠害等。预防措施:

种子处理:使用包衣种子或使用玉米专用种衣剂进行种子包衣,未进行包衣的种子应使用药剂拌种。

化学除草:正常栽培条件和墒情的田块,亩用 40% 乙莠(玉米宝)150~200 毫升或 40% 异丙草莠(玉丰)175~250 毫升或 48% 丁莠悬乳剂(除草灵)150~200 毫升等对水 45 千克对准地表喷雾。

干旱或机收高麦茬的田块:可选用 38% 莠去津 100~150 毫升 + 4% 烟嘧磺隆 50 毫升或 48% 乙莠 200~250 毫升或 40% 异丙草莠或 48% 丁莠悬乳剂或 30% 氰津莠或 40% 绿乙莠 200~300 毫升等对水 60 千克对准地表喷雾。

2. 苗期

以防治灰飞虱、二代黏虫、蓟马、耕葵粉蚧、旋心虫、玉米粗缩病、苗枯病为重点,兼治其他病虫害。

3. 拔节期

以防治二代玉米螟、褐斑病为重点,兼治其他病虫害。

4. 穗期

主要防治玉米穗虫、玉米蚜虫、三代黏虫、叶斑病、茎基腐病、褐斑病、锈病等。

(九)适时收获

玉米晚收技术是农业部在玉米生产上新近推广的一项增产技术,该项技术简便易行,可以大幅度提高玉米产量,是一种成熟的农业生产方式,也是增加农民收入的一种好做法,是玉米增产增效的一项行之有效的技术措施。

当前生产上应用的紧凑型玉米品种多有"假熟"现象,即玉米苞叶提早变白而籽粒尚未停止灌浆。这些品种往往被提前收获。一般群众多在乳线下移到 1/2 ~ 3/4 时已经收获,收获期比完全生理成熟要早 8 ~ 10 天。玉米籽粒生理成熟的主要标志是同时具备下列三个条件:一是苞叶变白而松散,二是籽粒乳线消失,三是籽粒基部黑色层形成。

三、玉米其他栽培技术

(一)玉米育苗移栽栽培

玉米育苗移栽技术主要是通过简易的塑料拱棚或现代设施,人为创造和控制玉米幼苗生长的生态条件,可提前播种,延长玉米生长期。因此,可种植生育期较长、产量相对较高的品种,并利用移栽矮化株型的现象,合理密植等多项综合措施实现玉米高产。

1. 育苗移栽的优点

(1)解决茬口矛盾,延长生育期 玉米育苗移栽是把玉米田间栽培作业的主要过程,包括播种、出苗、选苗及幼苗管理等环节,提前在设施内进行,从而延长了生育期,较好地解决了早熟与高产、当季与全年增产的矛盾。

(2)提早育苗,躲避低温阴雨危害,防御春旱　春季低温阴雨对春播作物播种和出苗影响极大。玉米育苗移栽可比大田直播提早10~15天播种。因为在设施内育苗,可人工控制温湿度变化,还能够防止水分散失。浇足底墒水后,在炼苗之前,床土含水量可以保持在20%左右,防止烂种死苗,可克服冷凉地区早春干旱对幼苗生长的不利影响。

(3)提早成熟,防御后期早霜威胁　由于玉米育苗移栽提前种植10~15天,成熟期也相应提早,就大大缓解或减轻了后期高温干旱对玉米成熟期的威胁。且移栽玉米的株高和穗位高均明显降低,而根系发达,特别是气生根增多,能显著增强植株的抗倒伏能力。

(4)有利于一次全苗,提高产量　春季玉米大田直播,由于气候、土壤等环境条件差,不但出苗整齐度差,而且缺苗断垄现象严重,即使补种或移苗补栽,也是生长不整齐,往往形成大株压小株、强株欺弱株,瘦小株果穗小,粒数少,甚至出现"空秆"。育苗移栽可克服上述缺点,只要加强苗床管理,就可育出生长整齐、健壮的幼苗。

(5)利于培育壮苗和节省种子　移栽玉米根系建成早,拔节前各性状指标明显优于直播和覆膜栽培,干物质输送也偏重于根系,根冠比较高;生育中后期尽管干重低于覆膜玉米,但次生根层数、条数仍较多;育苗移栽矮化株型,促进了根系发育,加强了根系吸收和抗倒伏能力,利于培育壮苗。

2. 育苗移栽栽培主要技术环节

(1)选择适宜的育苗方式　培育适龄壮苗是玉米苗期阶段的主要目标,也是决定移栽玉米产量的一个重要因素。玉米育苗方法很多,按营养钵的制作主要有:营养钵育苗、营养块育苗、营养团育苗、营养袋育苗、营养盘育苗、控根育苗、隔离层育苗等。

(2)苗床地的地势选择和苗床形式　选择避风向阳、排灌方便、靠近移栽大田的地块作苗床地,或在移栽田的划出部分作苗床。苗

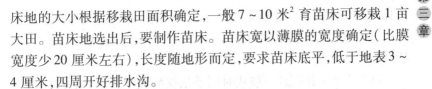

床地的大小根据移栽田面积确定,一般 7 ~ 10 米² 育苗床可移栽 1 亩大田。苗床地选出后,要制作苗床。苗床宽以薄膜的宽度确定(比膜宽度少 20 厘米左右),长度随地形而定,要求苗床底平,低于地表 3 ~ 4 厘米,四周开好排水沟。

(3)播期安排　播种期应根据当地气候等条件确定,一般比当地直播提前 10 ~ 15 天。播种前按常规方法进行选种、晒种、浸种催芽。将催过芽的种子胚根向下放入营养钵的小孔里,每钵播 1 粒种子。放好种子后,用过筛细土均匀覆盖好,覆土厚度 1 ~ 2 厘米。然后浇足水。也可播后再覆上地膜(平铺),四周用土压实。如果覆膜,要注意及时放苗。

(4)营养土配制　配制合格的营养土,是培育壮苗的基础和关键。床土配制要满足玉米育苗阶段幼苗对土壤中各种营养和水分的需要,且疏松透气,有利根系发育。床土配制要具备:质地适宜、肥力适度、含适量的微肥、床土配制比例适宜等特点。

(5)苗床管理　苗床管理是培育壮苗的重要环节,不仅可以多争得一些积温,提高幼苗素质,还可给移栽增产打下良好基础。苗床管理主要包括温度管理、水分管理和移栽前炼苗。

1)温度管理　是指通过管理措施来控制苗床温度,使之达到适宜玉米幼苗生育的要求。出苗前棚膜要密封,棚内温度高一些为宜,有利于幼苗发芽出土。玉米种子萌发时要求的最适土温为 28 ~ 35℃,最高不能超过 38℃。只要土壤积温达到 128℃,玉米种子就很快发芽出土。

2)水分管理　水分管理和温度管理对培育壮苗是相辅相成的。具体做法是,播种同时把水浇透,营养钵育苗和纸筒育苗的,以后就不用浇水;育秧盘育苗可根据水分状况适当浇水。在炼苗时要严格控制水分。移栽前 1 天下午要浇透水,使幼苗吸足水分,有利土壤黏结,便于起苗,有利于缓苗。纸筒育苗为了保护纸筒,应在移栽前 3 天浇透水。

3)炼苗　炼苗是培育壮苗、缩短缓苗时间的重要措施。在炼苗期间,一是把床内温度调节到适宜范围,降低土壤水分,使幼苗缓慢生长,称之为蹲苗;二是把床内的小气候逐渐改变,使之逐渐接近床外的气候条件。通过炼苗可以提高幼苗的素质,增强幼苗的适应性、抗逆性。

(6)适时适龄移栽 移栽时间是根据移栽时和移栽后的一段时间幼苗不受冻害及土壤的含水量两个条件综合起来确定的,即以移栽的温度下限和该温度时的土壤水分条件来确定玉米移栽的时间。具体时间应坚持适时早栽,充分利用早春的热量和水分,但要避免终霜危害。

起苗应尽量多带土,少伤根,保持根系自然状态。方法以人工等距穴栽为好。整地前已经施足基肥的,移栽时要施用化肥;整地前未施基肥的,移栽时既要施农家肥,又要施用化肥。移栽密度可根据品种特性、地力、施肥水平等综合条件来确定。一般叶片紧凑型的品种,密度大些;地力好、施肥水平高的,密度大些;反之,密度要小些。

(7)移栽后管理 移栽后管理是玉米育苗移栽增产的重要一环,要立即拉墒沟,防风,防止土壤水分蒸发,提高地温。消灭杂草,疏松土壤,放寒增温,促进生根、扎根。育苗移栽的玉米,采用了相对高产晚熟品种,需肥量比直播玉米大,需在拔节前进行追肥,以保证移栽玉米后期对营养的需要。追肥一般以氮肥为主,拔节前一次追完。一般每公顷施尿素以 187.5 ~ 222.5 千克为宜。具体施用数量,要根据土壤供肥能力、基肥与种肥数量以及玉米长势情况来定,如果后期发现脱肥,还要追施一次攻穗肥。攻穗肥的数量不宜太多,每公顷施尿素 112 ~ 150 千克即可。追肥时间在玉米抽穗前 10 天左右。

(二)垄作栽培

垄作栽培是在克服了传统平作栽培一些不利因素的基础上发展起来的一种栽培方式。土地表面由平面变为波浪形,增加了土地表面积和受光面积,改善了通风透光条件,光能利用率可提高10%以上。垄作栽培改变了灌溉方式,由传统的大水漫灌改为垄沟内小水渗灌,比平作栽培节水 30% ~40% ,提高了水分利用率,有利于实现大田的节水种植,而且垄沟水渗灌消除了土壤板结,增加了土壤的通气性,改善了土壤的光、热、水条件和微生物活动环境。垄作栽培是北方玉米种植的一种主要栽培方式。

1. 垄作栽培的种植规格、模式

玉米垄作种植规格有小垄单行、大小垄和大垄双行等种植模式。

(1)小垄单行种植　是在地表形成行距60～70厘米的垄形,垄体高约15厘米,在垄上进行玉米单行种植。特点是植株在抽穗前,能充分利用养分和阳光。生育后期在高肥水、密度大条件下,光照条件变劣,会影响产量。小垄种植田间管理方便,播种、定苗、中耕除草和施肥培土都便于机械作业,适合目前生产条件,是东北三省的主要种植方式。

(2)大小垄种植　也叫宽窄行种植。行距一宽一窄,一般宽行距80～100厘米,窄行距在45厘米左右。宽行距不超过120厘米,过宽浪费光能;窄行距不小于33厘米,过小根系分布受影响,植株受光强度减弱。行距根据密度确定。特点是植株在田间分布不匀,生育前期对光能和地力利用较差,但能调节玉米生育后期个体与群体间的矛盾,所以在高肥力高密度条件下,大小垄一般可增产10%;在密度较小情况下,光照矛盾不突出,大小垄就无明显增产效果,有时反而会减产。

(3)大垄双行种植　这种栽培形式就是把常规两条小垄合为一条大垄。大垄宽为120～140厘米,在大垄上种两行玉米,大垄间的垄距(大行距)为80～100厘米,而大垄上的玉米行距(小行距)40厘米左右,这样就形成了一宽一窄的群体结构。另外,生产上玉米大垄双行种植模式常与地膜覆盖联合使用,增产潜力更大。

2. 垄作栽培的技术要点

(1)深耕整地　深耕整地是为玉米创造良好的土壤条件,有利于玉米生长。整地宜早不宜迟,机械整地要在上一年秋天进行深翻整地,耕翻深度一般以20～25厘米为宜,熟土层薄的应在原有基础上逐年加深,每年加深3～5厘米,秋翻后要及时耕整地达待播状态。

(2)合理选用良种　在一个生态区内,以中熟为主,适当搭配早、晚熟品种,晚熟品种要安排在土质温度高、肥力较好的田块上,以确保安全成熟。

（3）种子处理　精选种子,播前做发芽试验,根据发芽率确定播种量;播前 5 ~ 7 天将种子晒 2 ~ 3 天,晒种后出苗率可提高 13% ~ 28%,提早出苗 1 ~ 2 天;种衣剂拌种,提高保苗率 5% ~ 10%,是防治苗期病、虫、鼠害和提高保苗率的最有效措施。

（4）适时播种　一般土壤 5 厘米深度的地温稳定通过 8℃即可播种。

（5）合理密植　合理密植可使玉米充分利用光能和地力,协调好群体和个体间的矛盾,从而提高产量。黄淮海地区小垄栽培的密度一般在 4 000 株/亩,株型收敛的品种,种植密度可增加到 5 000 株/亩左右。

（6）增施粪肥,合理用肥　玉米在施肥上要做到:底肥、口肥、追肥三肥下地,氮、磷、钾适当配比,农、化、微肥相结合。底肥一般在打垄前施入,以农肥为主,适当配以磷、钾化肥。每公顷施入农肥 20 000 千克,磷酸二铵 100 千克,硫酸钾 140 千克;口肥在播种前施入,磷酸二铵 50 千克/公顷;追肥一般以速效氮为主,采用"前轻后重"的施肥方式,在玉米拔节前施入追肥的 1/3,施尿素 5 ~ 10 千克/亩,在大喇叭口期施入追肥的 2/3,追施尿素 10 ~ 20 千克/亩,满足玉米雌穗的小穗、小花分化以及籽粒形成阶段对养分的需要。

（7）加强田间管理,及时防虫除草　一般三叶期间苗,去掉小苗、弱苗、病苗,不留"剃头苗";要细铲多趟,第一遍深趟,但不要培土,既达蹲苗目的,又可防止趟第二、第三遍地时起块。有条件的地方,可逐步推广化学药剂除草。

（三）台田栽培

1. 台田的涵义

台田亦称坨地。开始是针对盐碱地改良并进行耕作的农田类型。在原地块四周挖土,垫高地面,四周形成排水沟渠,最终形成条带状、被抬高了的农田。沟宽和台面宽因地而异。主要作用是排除积水,降低地下水位,减轻盐碱危害。这类耕地的田面隆起,四周沟沟相通。田面种植玉米,并改善通风透光条件。

2. 台田的种类和规格

台田沟的深度应根据土层的分布和筑起台田后所要求达到的排水定额来确定(所谓排水定额,指能满足某种农作物在正常生长情况下不影响它的根系发育的那块土层的深度)。根据各地实际情况,台田沟的沟深变化幅度不大,主要受土层分布情况的限制。在沟深既定的情况下,排水定额主要取决于沟距大小。沟距越小,排除地表径流和表层土壤水分的速度就愈快,土壤过湿的现象就容易消除。同时台田沟愈稠密,工程数量和占地面积也相应地加大,这样既费工又不便机耕。因此,确定台田沟的间距时,应根据地形的高低和受涝程度的轻重而定。"涝灾"威胁小的坡耕地,主要是地面径流积涝成灾。这样的地区,以排地表水为主,沟深1米左右,沟距20米左右。无河流倒灌影响的一般洼地,沟深1米左右,沟距15米左右。"内涝"、碱化均很严重,并有河流倒灌影响的地区,沟要深而密,沟深1.5米,沟距10米左右。台田沟的沟深和沟距的确定,要因地制宜,根据地势、土层和受涝程度灵活掌握。

3. 台田玉米的栽培技术要点

台田机械化种植技术的农艺过程包括:深松筑台,机起垄筑台,旋耕播种机播种,化学药剂灭草。对低洼黏性较大的地块,在起垄筑台1～2天后播种为好,目的是使土壤垄片的水分蒸发,以利正常播种。种植方法及密度同常规大田。只进行化学除草。

(四) 覆盖栽培

农田覆盖是一项历史悠久的作物栽培技术。在降水偏少的北方旱作农区,农田地面覆盖可以有效减少土壤水分的无效蒸发,提高作物水分利用效率。

1. 地膜覆盖栽培

玉米地膜覆盖是采用厚度为0.002～0.02毫米的聚乙烯塑料薄膜覆盖农田地表,利用其透光性好、导热性差和不透气等特性,改善农田生态环境,促进作物生长发育,提高产量和品质的一种栽培措施。地膜覆盖栽培兴起于20世纪50年代初,中国于20世纪70年代末开展地膜覆盖的试验、示范和推广工作,在棉花、小麦、水稻、玉米、花生、烟草、甘薯、马铃薯和甜菜等农作物,以及蔬菜、瓜果等方面,取得了显著的早熟、优质、高产的效果。在中国北方,凡有玉米种植的地区,几乎都可进行地膜覆盖栽培。

2. 秸秆覆盖栽培

玉米秸秆覆盖技术是利用玉米秋收后废弃不用的秸秆,通过人工或机械操作,把秸秆按不同形式覆盖地表,并综合采用少耕、免耕、选用良种、平衡施肥、防治病虫害、模式化栽培等多项技术配套集成,达到蓄水保墒、改土培肥、减少水土流失、增产增收的目的。玉米秸秆覆盖技术适用于干旱、半干旱地区玉米种植区。秸秆覆盖可增加土壤充水孔隙的数量,减少大孔隙度,而且土壤表层有秸秆覆盖可明显减少土壤水分的蒸发量,从而使得覆盖后土壤水分比常规耕作大大增加。

3. 麦草覆盖

麦草覆盖是在小麦收割后,立即将麦草均匀地覆盖于玉米行间。可先割麦穗,然后割麦草,就地将麦草全秆平铺于玉米行间,也可将麦草粉碎成 3~10 厘米长盖在行间,其效果更佳。覆盖量占整块麦田麦草的 50% 左右,也可将麦草全部覆盖。麦草覆盖后,由于麦草在土壤表面的物理阻隔作用,可以缓冲土壤气体与自然大气的交换,从而减少土壤水分蒸发,调节土壤温度,达到抗旱保湿的目的。麦草覆盖还能改善土壤理化性状,显著增加土壤含水量,调节地温,抑制杂草生长,增强抗病力。

4. 二元覆盖

(1)地膜与秸秆二元覆盖 地膜与秸秆二元覆盖,即前期用地膜增温,在中期高温季节用秸秆覆盖降温。主要有二元单覆盖(秋季在133 厘米带内开沟铺秸秆,覆土过冬,春季在铺埋秸秆的垄上覆盖地膜,膜上种两行玉米);二元双覆盖(133 厘米为一带,秋季将玉米整秆顺行铺放 66.5 厘米,春季在剩下的 66.5 厘米空地起垄盖地膜,膜上种玉米)两种方式。

(2)麦草与地膜二元覆盖 麦草与地膜结合的二元覆盖,即玉米垄上覆膜,沟内覆麦草。是一项极有效的保墒措施,可减少土壤水分蒸发,阻止水分径流,提高土壤入渗,增加土壤水库贮水量,抑制土壤蒸发,涵养土壤水分。麦草与地膜二元覆盖可降低作物冠层温度1~2℃,显著减少玉米田间水分蒸发,对土壤具有一定的保温作用,并能明显提高玉米产量和水分利用效率。

5.化学覆盖

化学覆盖是利用化学方法,使长链成膜物质加工成水胶制剂或乳剂,施用在水面或土面后,形成一层连续性薄膜,也称液态膜,可阻止水分子通过,从而起到抑制水分蒸发、减少汽化耗热、提高温度的目的。化学覆盖物质大致分为两类,一类是由醇类、醚类和脂类等单分子膜物质组成的水面抑制蒸发剂,当浓度达到一定值时,通过亲水基团与水分子的结合形成膜层,阻止水分的蒸发,从而提高水温,多用于水库或水稻育苗秧田上。但单分子膜容易受大风和雨滴破坏,成本较高。另一类就是土面抑制蒸发剂,主要用于抵御干旱、低温等自然灾害。主要是用某些有机、无机化学物质喷洒土面而形成一层连续性薄膜,以抑制土壤水分蒸发,减少土壤热量消耗,提高土壤温度,同时也可减少盐碱上升而形成的碱害。由于抑制蒸发剂能保墒、增温,促进土壤微生物的活动和养分变化,提高土壤肥力,促进作物的生长发育。在玉米生产上得到了应用,并取得了良好的效果。

第三节
玉米机械化生产技术

一、玉米机械化生产的意义

玉米是重要的粮食作物和经济作物,是我国第一大粮食作物,种植面积一直呈上升趋势,2012 年全国玉米种植面积 3 503 万公顷,总产 20 561 万吨,在粮食生产中占有极其重要的地位。我国是仅次于美国的世界第二玉米生产国和消费国。玉米粮经饲兼用,其用途已渗透到我国工农业的各个方面,玉米生产对整个国民经济发展有着巨大的影响。

玉米生产机械化,可以减轻劳动强度、提高作业效率、争抢农时、保障作业质量、降低投入、节约成本、提高玉米产量,实现玉米生产节本增效。机械化精量播种每公顷可以省种子 20 千克以上,增产 15% ~20% 。提高玉米生产机械化水平对保障我国粮食安全、促进畜牧业和粮食加工业发展,实现粮食增产、农业增效和农民增收具有重要战略意义。

二、玉米机械化生产发展现状

当前,我国农业机械化正处在一个加快发展的历史新起点,面临着难得的发展机遇期,玉米生产机械化迎来了良好的发展环境和条件。玉米耕地、整地、种植和田间管理等环节机械化问题基本解决,机收加快突破,社会化作业服务市场开始启动,玉米生产机械化正呈现加快发展势头。全国玉米耕种收综合机械化水平达到42.8%,其中机耕水平达到59.4%,机播水平达到58.7%,机收水平达到4.7%。分区域来看,北方春玉米种植区目前机播水平最高,达到79.4%,基本上实现了播种机械化,机收水平4.7%;黄淮海夏玉米种植区,机播水平为58.2%,低于北方春玉米区,机收水平达到7.0%,发展最快,水平领先;南方山地丘陵玉米种植区,机械化播种、收获正在起步。总体上看,我国玉米生产机械化的发展表现出以下4个显著特点。

1. 技术装备进步明显

玉米耕地、整地、播种机械基本成熟,已广泛推广应用。收获机械基本定型,形成了悬挂式、自走式和玉米割台等3种机型。目前悬挂式玉米收获机可靠度达95%以上,基本上能满足农业生产的需要,成为主导产品,具备了推广应用的条件。

2. 机收成为发展热点

近年来,玉米收获机械和机收作业供不应求,农民购机、用机热情空前高涨,玉米收获机械化成为我国农机化发展的新增长点和亮点。目前,黄淮海夏玉米种植区中的山东、北京、河北、天津,北方春玉米种植区中的新疆、黑龙江、内蒙古、山西已进入推广阶段,机具基本定型,发展势头强劲;黄淮海夏玉米种植区中的安徽、河南、江苏,北方春玉米种植区中的陕西、宁夏、辽宁、吉林、甘肃处于示范推广阶段,已基本确定应用机型,示范推广工作开始启动。

3. 政策带动效应明显

从2006年开始,农业部在条件比较成熟的山东、河北两省,开展了玉米收获机械补贴试点,推动了两省玉米收获机械化的快速发展。山东2006年当年新增玉米收获机4 300台,机收水平达16.8%,其中淄博市、东营市超过50%。2007年,玉米收获机械补贴试点扩大到9个省(市、自治区),全国新增玉米收获机近万台,为玉米生产机械化发展奠定了良好的基础。

4. 玉米生产机械化作业市场趋于活跃

随着市场需求的扩大,各地形成了许多具有区域特点的玉米机械化生产服务模式,农机专业合作组织、作业大户等各种作业服务组织发展迅速,提供机播、机收、秸秆处理等环节的单项或全程机械化作业服务。玉米收获机械跨区作业市场开始启动,机手作业收益显著。2012全国有近2万台玉米收获机投入跨区作业。

当前玉米生产机械化存在的主要问题:一是机收瓶颈尚未完全突破,成为制约玉米生产机械化的最主要因素;二是农艺农机不协调,各地玉米种植模式复杂,多样化的种植行距和套作模式制约了机械化发展;三是示范推动力度不够,国家和地方用于玉米生产机械化试验、示范和推广的投入较少;四是技术创新滞后,玉米收获、免耕播种等机械基础研发滞后,低水平重复开发严重,适应性、可靠性有待提高。

三、玉米机械化生产的主要制约因素

玉米作为重要的粮食、饲料和工业原料,其需求量不断增加。伴随着我国农业生产机械化总体水平的提高、农村经济的快速发展和农村劳动力的大量转移,我国对玉米生产机械化的需求日趋紧迫,玉米生产机械化已进入较快的发展时期。

目前,虽然玉米整地播种的机械化水平相对较高,但生产中还是存在诸如种植模式多样化、播种机作业堵塞等许多有待解决的技术问题。

1.机械化收获水平偏低,制约整体发展

玉米收获水平偏低已成为制约玉米生产机械化整体发展的瓶颈,原因有3个:

(1)玉米品种多而杂造成收获难 玉米品种多而杂,生长期、结穗高度、适宜种植密度等各有不同。而果穗的大小、形状、脱粒难易程度以及茎秆的粗细、高矮等都影响机械作业。农户在没有统一的指导下自行选择,导致同一地区种植品种、种植时间的不统一,作物成熟期的不一致,机械难以适应,作业效率低,收获质量差,损失大。

还有一些品种特性不适宜机械收获作业,如植株高大、晚熟,收获时籽粒含水量高,苞叶厚而紧,导致机收剥叶不净。

(2)行距多样性造成收获难 玉米种植虽然机械化水平相对较高,但种植标准化程度很低。全国各地区种植模式多样化,如黄淮海区域的平作/套种、东北地区的垄作及各地均有的大小行种植等,且不同地区的行距不同(30~75厘米),有时同一地区的行距就有多种,给机械作业带来极大不便。特别是行距的不统一对机械收获而言,不仅增大了作业难度,而且加大了收获时的损失率(当行距差超过10厘米时,机收损失可达3%~5%)。

(3)玉米收获机质量有待提高 由于我国农业机械领域技术创新不够,基础研发滞后,玉米收获机械生产制造企业普遍存在低水平重复开发,生产规模偏小、生产批量小等问题。现有的玉米收获机械在实际应用中也表现出故障率高、适应性较差、损失率过大、使用效率低等问题。而且不同的地区对玉米收获机的要求不尽相同,仅在秸秆处理的问题上,有的要求粉碎还田,而有的要求打捆运输。因此,在机具质量和功能方面都还有很多值得研究的地方。

一般来说,玉米应该对行收获,即机组相对水平、前割台摘穗道应与行距基本对应,使玉米茎秆正直进入摘穗装置。

为了解决玉米种植行距不一致的问题,部分科研单位和生产企业花大力气研究不对行收获技术。不对行收获的形式主要有寻行式、多行式和拨禾链式3种。但目前还没有一种机型能够真正适应各地不同行距条件下的不对行收获作业。

2.免耕播种、精量播种等技术有待提高

现在广大玉米产区机械化播种的程度普遍较高,但随着保护性耕作技术的推广应用,对玉米播种机械提出了更多的要求。在一年两熟区域,小麦收获后,在麦秸覆盖留茬的未耕地上直接播种玉米。由于当前小麦产量很高,秸秆量很大,且粉碎不够细、抛撒不均匀,并且各地都明令禁止焚烧秸秆,因此以往使用的部分小型玉米免耕播种机在贴茬播种中存在以下问题:

(1)开沟器问题 犁刀式开沟器破土能力强,结构简单,但在开

101

沟时容易挂草,在小麦秸秆覆盖条件下,开沟器之间更是极易堵草,严重影响作业效率和作业效果。双圆盘开沟器虽然不易堵塞,但由于国内的播种机普遍偏小、偏轻,导致圆盘开沟器难以切断根茬和秸秆,入土能力和适应能力差,在秸秆覆盖条件下难以实现入土播种作业。为了解决这一问题,有些地区采用了先全面旋耕,再播种的方式,但是增加旋耕作业必然导致生产成本的提高。因此,应从播种机械上考虑,设计出适应于保护性耕作的免耕播种机。

(2)排肥、排种器设计有问题 排肥管、排种管底部防堵机构容易被土块卡死而形成断垄,影响了作业效率和作业质量。精量播种能够减少种子的使用量,省掉间苗这一作业工序。因此,日益受到各地重视,但因受机器价格、种植规模、种子发芽率等因素的影响,大面积的普及推广仍需时日。

3. 土地规模偏小,限制了大型机械的应用

小型机械在作业过程中需多次进行地头转弯,由于幅宽限制,作业效率也不高,因此大型机械仍是发展趋势。但现有农村土地制度导致户均耕地面积过小,土地在村内的二次分配更导致户有地块更加零碎(每户可能会有互不相连的多个地块),这严重制约了机械作业效率的提高和机械化的进一步发展。政府应出台相关鼓励性政策,引导农户走规模化生产的道路,在土地拥有制度不变的前提下,通过转租、入股、承包等形式来解决。

四、玉米机械化生产发展对策

玉米生产机械化势在必行,也应逐步前进。应根据各地的种植制度,实现农艺农机结合,重点突破玉米收获机械化,稳步发展玉米播种机械化,加快推进玉米生产全程机械化。

1. 农机农艺相结合,提高机械化收获作业水平

(1)在农机农艺相结合方面 农机要为农业的增产、增收、优质、低耗、安全服务,农艺也应为农机化的可行性考虑。玉米品种和种

植模式应该尽快走向标准化，以利于机械化作业。

（2）在育种方面　不但应该培育高产品种，还应该考虑到其与机械作业的适应程度，加强选育中早熟、结穗高度一致、成熟度一致、发芽率高、适合机械作业的新品种。这样好的品种才能真正地大面积推广，获得良好的经济效益。

（3）在栽培方面　应根据各个主要产区的玉米种植制度和习惯，通过试验，确立合理的种植密度和行距，推进并最终实现标准化种植，特别是做到一个地区种植行距的统一，满足对行收获的要求。玉米种植不规范，即使有对行距的适应能力较强的机型，但这也是在牺牲了部分作业速度和浪费了一些生产时间的前提下一种无奈的妥协。统一的行距不仅有利于收获机性能的充分发挥，更有利于收获机型的定型和通用化，可大量减少人力、物力的浪费，降低生产成本。

（4）在机械研发方面　机械开发设计单位则应根据区域玉米生产特点，有针对性地设计、生产、开发和推广满足特定地区需要的、适应性强的农机产品。

2. 完善玉米播种机械

针对当前玉米播种时秸秆量大、各地禁止秸秆焚烧而导致的开沟器容易堵塞的问题，可考虑研究局部播种带旋耕替代全面旋耕播种的作业方式，在局部旋耕的基础上，可以采用圆盘式开沟播种施肥机构，解决犁刀式开沟器堵塞问题，同时满足节能减排的需求。

3. 提高玉米作业机械性能质量

加强对关键技术的基础性研究，逐步提高技术创新能力。开展玉米生产多功能作业机械的研发，如免耕施肥播种机、精量播种机、茎穗兼收型玉米收获机的研发，并不断提高质量，保证稳定的工作性能。

4. 建立试点示范基地，推进玉米生产全程机械化

在玉米主产区建立试点示范基地，不断探索改进，找到适合当地的种植模式和全程机械化方案及合适的机型。通过技术培训、示范宣传、社会化服务等措施，带动全国玉米生产机械化的发展。

五、玉米机械化生产技术

（一）机械化播种

采用免耕施肥播种机直接在小麦收获后的免耕麦茬地上播种玉米,可使深施化肥、播种、覆土镇压等几项作业一次完成。这项技术包括了前茬作物的秸秆收获和残茬处理,未耕地上的破茬开沟、深施化肥、种子处理、精密播种、灌水浇地、化学除草和病虫害防治一整套的技术内容,并且要与农艺相结合。

1. 技术要求

（1）选用良种 玉米品种应选用生育期限 100 天左右的中早熟优良杂交品种。种子应进行精选,纯度不低于 97%,发芽率不低于 95%,含水率不高于 14%。此外,播前应对种子进行包衣处理或药剂播种,以防地下虫害和苗期病虫害的发生。

（2）前茬基本准备 前茬种植畦式要兼顾玉米免耕覆盖播种作业幅宽,并做到畦面平整,以利于播种机作业和玉米生长期浇水。对前茬作物生长期内的黏虫要防治彻底,春天要适时喷洒除草剂或消灭杂草。

（3）前茬秸秆处理 应尽可能使用带秸秆切碎装置的小麦联合收割机进行收割作业,留茬高度低于 2.0 厘米;对于无秸秆切碎装置的小麦联合收割机作业,可采用秸秆粉碎机进行粉碎或粉碎后人工将秸秆均匀撒到地里;对于分段收获作业,应使用铡草机将麦秸秆切碎,并在播种后均匀覆盖田间。

2. 机具要求与调整

玉米免耕播种机大都是在传统耕作方式的作业机型的基础上演变而来的,机具缺乏针对性、整体性的设计要求,又是一机多用。而玉米免耕播种机应具备开沟、深施种肥、播种、覆土、镇压等功能,同时要求机具的通过能力与抗挂草能力要强,所以使用之前必须对机具进行必要的调整。

（1）双腔排种器的调整　免耕施肥播种机的排种器为双腔排种器,播种玉米时,将插板插入小麦排种器,此时玉米排种器打开,小麦排种器关闭。

（2）玉米排种器的调整　玉米排种器为可调窝槽式,调整时拧松手柄轮上的固定螺栓,根据种子大小,旋转手柄,使粗槽轮进入排种器壳内,每穴播种量的多少可在调整后做一下试验,一般每穴玉米种子为2粒即可。

（3）种子与化肥深度的调整　玉米播种深度应该在土壤地表下3～5厘米。调整播种深度时应考虑地表覆盖秸秆的厚度,可将镇压轮两端的限位螺栓向上调,每调1个螺孔其深度增加2厘米。种子与化肥之间的深度差应控制在4～5厘米,过大会降低肥效,过小容易造成烧种、灼苗。种子与化肥深度差的调整可靠移动开沟器的上下位置来完成。

（4）玉米株距的调整　由于玉米种植品种方式不一样,要求株距也不尽相同。一般小穗玉米株距为25～30厘米,大穗玉米株距为30～50厘米。

（5）排肥量的调整　拧松调节手轮上的固定螺栓,旋转手轮,其外端面与标尺刻线相交处所标数字即为亩(0.067公顷)施肥量,其单位为千克。为确保播肥量准确,机具调好后要进行播肥量试验(其方法同调播种量一样)。施肥量应根据地力条件和水利条件而定。

（二）机械化收获

玉米收获机械化技术是在玉米成熟时,根据其种植方式、农艺要求,用机械来完成对玉米的茎秆切割、摘穗、剥皮、秸秆处理等生产环节的作业技术。主要有联合收获后秸秆直接还田、人工摘穗后秸秆还田、茎穗兼收技术,应用该技术可大大提高工效,减轻劳动强度,争抢农时。秸秆还田后可改善土壤的理化性状,增加有机质含量,培肥地力,提高产量,促进农作物持续增产、增收。

1. 技术要求

由于玉米收获时籽粒含水率高达22%～28%,甚至更高,收获时不能直接脱粒,所以一般采取分段收获的方法。第一段收获是指摘穗后直接带苞皮或剥皮的玉米果穗,并进行秸秆处理;第二段是将玉米果穗在地里或场上晾晒风干后脱粒。

2. 技术性能指标

玉米机械化收获机需达到如下技术性能指标:收净率≥82%;果穗损失率<3%;籽粒破碎率<1%;果穗含杂率<5%;还田茎秆切碎合格率>95%;留茬高度≤40厘米;使用可靠性>90%。

3. 技术实施要点

实施秸秆黄贮的玉米要适时进行收获,尽量在秸秆发干变黄前进行收获作业。实施秸秆还田的玉米收获期尽量在籽粒成熟后间隔3～5天再进行收获作业。根据地块大小和种植行距及作业质量要求选择合适的机具,作业前制定好具体的收获作业路线。

4. 机具操作规程

拖拉机启动前,必须将变速手柄及动力输出手柄置于空挡位置。机组在运输过程中,必须将割台和秸秆还田装置提升至运输状态,并注意道路的宽度和路面状况。接合动力要平稳,油门由小到大逐步提高,确保运输和生产作业的安全。

5. 注意事项

☞ 机组在进入地块收获前,必须先了解地块的基本情况:玉米品种、栽种行距、成熟程度、果穗下垂及茎秆倒伏情况;地里有无树桩、石块、田埂、水沟、通道情况、土地承载能力。

☞ 开始作业一段时,要停车观察收获损失、秸秆粉碎的状况。检查各项技术指标是否达到要求。

☞ 收获时的喂入量是有限度的,不同的玉米品种、长势、植株密度、水分含量,收获速度也不同,所以,开始时先用低速收获,然后适当提高速度。喂入量要与行走速度相协调,注意观察扶禾、摘穗机构是否有堵塞情况。

☞ 收获机到地头时,不要立即减速停机,应继续高速前进一段距离,以便秸秆被完全粉碎。

6. 农机农艺应进一步融合

具体来说,在农艺方面,应选用柱状果穗、结穗位 70~130 厘米、穗位秸秆抗拉强度大的品种,且要求苞叶紧实度低、成熟期籽粒降水速度快,含水率小于 30%。在栽培中应选择平作或垄作,行距统一,宽/窄行或沟播种植带宽度为玉米收获机割幅的整数倍。在机械化收获工艺方面,过渡带两熟区可选用不分行全幅摘穗、剥皮收获与茎穗兼收工艺。在收获机械技术方面,割台应选用指型/链式不分行摘穗单元;剥皮装置应注意剥皮辊布局和随动压制装置、籽粒回收和茎叶排除装置;脱粒装置应选用强揉搓性能、轴流脱粒分离装置;秸秆处理应采用预调质处理技术、打结器正时机构制造与总成精密装配;青饲方面则应采用切碎刀具自磨砺装置、低功耗高频切碎与抛送自动操控。

7. 收获机机型

图 3-1 4YW-3 悬挂式玉米联合收割机

目前国内收获机主要有 4 大类型的产品。第一类是多行悬挂式和牵引式玉米收获机,是延续 20 世纪 80 年代后期的产品不断改进形成的,可一次完成多行玉米的摘穗、果穗集箱、秸秆粉碎处理作业。

第二类是以小麦联合收割机底盘改进开发的玉米收获机,可一次完成多行玉米的摘穗、果穗集箱、秸秆粉碎处理作业。第三类是专用的玉米收获机,可一次完成多行玉米的摘穗、果穗集箱、秸秆粉碎处理作业。第四类是自走式玉米收获机,以4YW－3型(3－1图)和4YZ－4型居多,可一次完成玉米的摘穗、剥皮、果穗集箱、籽粒回收、秸秆粉碎作业。

第四章

低温的危害与防救策略

本章导读： 玉米是喜温怕冷作物,本章主要介绍低温冷害的类型、发生规律、对玉米生长发育的影响,并提出了抗低温栽培及化控调控等预防技术。

冷害是指在作物生长季节0℃以上低温对作物的损害,又称低温冷害。冷害使作物生理活动受到障碍,严重时某些组织遭到破坏,但由于冷害是在0℃以上,有时甚至是在接近20℃的条件下发生的,作物受害后,外观无明显变化。如在北方夏季,由于玉米长期以来适应了高温的条件,对稍低的温度不能适应,当日平均温度降低到20℃以下时,便影响正常生长。

第一节

低温冷害的概念和发生规律

根据低温对玉米生理特性方面的影响,将玉米冷害分为延迟型冷害、障碍型冷害和混合型冷害。延迟型冷害指玉米由于在生长季中温度偏低,发育期延迟致使玉米在霜冻前不能正常成熟,籽粒含水量增加,千粒重下降,最终造成玉米籽粒产量下降。障碍型冷害是玉米在生殖生长期间,遭受短时间的异常低温,使生殖器官的生理功能受到破坏。混合型冷害是指在同一年度里或一个生长季节同时发生延迟型冷害与障碍型冷害。低温冷害不仅影响玉米生长发育,而且影响最终的产量。玉米发生一般冷害,减产5%～15%;发生严重冷害,减产25%以上。低温冷害对产量的影响还与冷害出现的时期有关,孕穗期是玉米生理上低温冷害的关键期,减产最多。

根据不同生育期遭受低温伤害的情况,又分两种情况:一是夏季低温(凉夏),持续时间较长,抽穗期推迟,在持续低温影响下玉米灌浆期缩短,在早霜到来时籽粒不能正常成熟。如果早霜提前到来,则遭受低温减产更为严重。二是秋季降温早,籽粒灌浆期缩短。玉米生育前期温度不低,但秋季降温过早,降温强度强、速度快。初霜到来早,灌浆期气温低,灌浆速度缓慢,且灌浆期明显缩短,籽粒不能正常成熟而减产。

　　根据不同温度对玉米的影响,可将冷害分为以下指标。玉米在日平均气温 15～18℃ 为中等冷害,13～14℃ 为严重冷害。各生育阶段以生育速度下降 60% 的冷害指标:苗期为 15℃;生殖分化期为 17℃;开花期为 18℃;灌浆期为 16℃。以玉米拔节期为准,轻度冷害为 21℃,中度冷害为 17℃,严重冷害为 13℃,其发育速度依次下降 40%、60% 和 80%。

　　低温冷害是玉米农业生产上主要的气象灾害之一。尤其在东北地区时常发生,一般每隔 3～5 年就有一次严重的低温冷害,如 1954 年、1957 年、1969 年、1972 年、1975 年、1976 年等年份,每年减产 15% 以上,玉米质量也大受影响。南方每年早春常发生低温冷害现象,此时正值春玉米幼苗生长发育阶段,玉米幼苗受低温冷害影响后出现弱小苗、黄化苗、红苗、紫苗等现象,移栽后生长速度缓慢或不生长。

第二节

低温对玉米生长发育及生理指标的影响

一、低温对玉米生长发育的影响

　　玉米是喜温作物,玉米出苗期受低温危害,将会出现弱小苗、黄化苗、红苗、紫苗等现象,移栽后生长速度缓慢或不生长(图 4-1)。如果玉米播种至出苗期间温度低就会使出苗推迟,影响苗全、苗齐、苗壮,生长发育受影响。苗期较耐低温,幼苗期 2～3℃ 低温,影响正常生长；－1℃的短时低温幼苗受伤，－4～－2℃是受冻死亡的临界温度，日平均气温≤10℃，持续3～4天幼苗叶尖枯萎。日平均气温降至8℃以下，持续3～4天，可发生烂种或死苗；持续5～6天，死苗率可达30%～40%；持续7天以上，死苗率达60%。

图4－1　苗期受冻后表现

　　玉米拔节至吐丝期受低温影响，营养生长受抑制，主要表现在干物质积累减少，株高降低及各叶片出现时间延迟（图4－2）。具体来讲，拔节期：低温影响生长发育速度，21℃为轻度冷害，生长发育速度下降40%；17℃为中度冷害，生长发育速度下降60%；13℃为严重冷害，生长发育速度下降80%。幼穗分化期：日平均气温低于17℃，不利于穗分化，低温持续时间长，株高、茎秆、叶面积及单株干物质重量受到影响。开花期：日平均气温低于18℃，授粉不

图4－2　吐丝期受冻表现

良,低温造成有效积温不够,导致授粉困难,灌浆期延长,干物质积累缓慢,造成减产。灌浆成熟期:日平均气温低于16℃停止灌浆,低于3℃时则完全停止生长,气温达 -4 ~ -2℃时导致植株死亡。玉米生育中后期:日平均气温15 ~ 18℃为中等冷害,13 ~ 14℃严重冷害。

二、低温胁迫下玉米生理指标的变化

一般把16℃以下的温度定为玉米受到低温冷害的农业气象指标。研究表明,经4 ~ 10℃低温处理3天的玉米,光合强度降低34.8% ~ 50%。低温使谷氨酸合成酶和氨基酸转移酶的活性降低,阻碍了氮代谢中蛋白质、氨基酸的合成。此时蔗糖含量成倍增加以提高耐寒力。在10℃低温下,抑制了根系对离子的吸收。又由于吸水速度降低,而使植株出现萎蔫。低温冷害使细胞膜受损,内含物外渗。研究表明,8℃处理12小时和24小时,电解质外渗比20℃处理增加0.2 ~ 0.5倍。

玉米在孕穗灌浆期遭受低温危害,导致光合速率下降,光合有效叶面积降低,叶片和雌穗(籽粒)超氧化物歧化酶(SOD)活性下降,丙二醛含量剧增,相对电导率提高,籽粒中可溶性糖和游离氨基酸含量增加,淀粉和蛋白质含量降低,造成低温冷害。孕穗期低温主要抑制雌穗分化和发育,减少穗粒数,灌浆期低温主要影响籽粒灌浆,致使千粒重下降,引起产量降低。严重的低温危害使玉米雄花枯死,变淡白色,果穗上部叶片皱缩青枯,果穗下垂,果穗上籽粒松散,秃尖多,空秆多。受害玉米食用品质变差。

第三节

玉米抗低温栽培技术

一、选用抗低温品种

玉米品种间耐低温差异很大,故应因地制宜选用适合当地的耐低温高产优质玉米良种。

二、低温锻炼

作物对低温的抵抗是一个适应锻炼过程,如预先给予适当的低温处理,以后就可经受更低温度而不会受害。育苗移栽是防止玉米受冻害的有效方法。

三、地膜覆盖

地膜覆盖栽培是一项抗御低温冷害、春旱和实施早播实现高产稳产的有效措施。玉米覆膜(图4-3)可增加有效积温200~300℃,提早成熟7~15天,使中晚熟品种进入无霜期较短区域内种植,一般亩增产200千克左右。

图4-3　玉米地膜覆盖栽培

四、科学施肥

控制氮肥的施用量和施用时期,在前期玉米营养生长阶段,氮肥用量过多,会促进玉米生长速度加快,形成茎叶幼嫩,含水量高,容易受冷,不抗冻,所以氮肥用量在前期要控制,施氮时期要后移。

苗期施用磷、钾肥能改善玉米生长环境,对减缓低温冷害有一定效果。磷、钾肥可提高玉米的抗寒能力,促进早熟,在低温冷害年份,土壤温度不高,磷的有效性更低,且移动慢、阻碍玉米的吸收利用,因此要增施磷、钾肥。磷肥的施用方法要分两层并深浅结合,深层施基肥,浅层施面肥,使磷肥在全耕层都有分布,既能提高幼苗抗性,又可使后期灌浆不缺磷提高结实率。钾肥的施用可作基肥1次施用,也可部分在追肥中再施,更加有利于玉米植株健壮,提高抗寒和抗病能力。也可用禾欣液肥50毫升对水500毫升拌种,可提高抗寒力。还可用生物钾肥500克对水250毫升拌种,稍加阴干后播种,增强抗逆力。

重视有机肥的施用。施用腐熟有机肥有利于根层土壤的保温和

115

促进玉米根系的发育,形成壮苗,提高植株的抗寒抗病性能。在有机肥中如施用草木灰或秸秆还田,不仅有利于土层保温,还可供应钾营养,有利于玉米健壮和提高玉米抗逆性。

五、加强田间管理,增强抗低温能力

苗期采取深松或深趟,能起到散墒、沥水、增温、灭草的作用。在玉米开花授粉后,人工铲除大草,可减少养分消耗,改善田间通风透光条件,增加粒重,减少秃尖,促进早熟 3 ~ 4 天,增产效果明显。另外,隔行去雄,站秆扒皮晾晒,也可起到提高玉米品质,促进早熟增产的作用。

第四节
化控技术在玉米抗低温方面的应用

一、多效唑和嘧啶醇的应用

二者合用可有效地防止玉米幼苗受低温胁迫的伤害。经多效唑和嘧啶醇处理的玉米幼苗叶绿素明显增加,幼苗光合效率明显提高。

二、乙烯利和矮壮素的应用

采用喷施乙烯利和矮壮素的方法防御冷害有明显的效果。在玉米雄穗分化早期施用低剂量(200～600克/公顷)乙烯利,可使产量平均增加8%～10%。用100毫克/升的乙烯利喷施可早抽穗、早开花4天,避开后期低温。在玉米拔节期叶面喷施矮壮素(0.25%矮壮素50千克/公顷)可增产33.8%,早熟7天左右。用浓度为0.25%矮壮素,浸种6～10小时,可增产20%。

三、玉米赤霉烯酮的应用

玉米赤霉烯酮简称ZEN液,是玉米赤霉菌的一种次生代谢产物。使用ZEN液浸种能提高逆境下玉米叶片游离脯氨酸的含量,从而提高其抗性。

四、抗寒剂的应用

植物抗寒剂是一种由多种细胞膜结构稳定物质组成的复配剂,它是能提高植物抗寒能力的物质。

五、稀土的应用

农作物施用稀土"常乐"增产效果明显,一般可增产5%～15%。稀土可增强玉米的抗低温能力,能提高玉米种子发芽能力,增加可溶性糖的含量,使玉米叶的电导率下降,使SPDA含量增加,并提高玉米的光合作用。因此稀土有抗御低温冷害的作用,稀土能减轻玉米受低温冷害的影响,从而提高作物的产量。

第五章

高温干旱的危害与防救策略

本章导读：高温干旱往往叠加发生，对玉米生产影响严重。据此本章主要介绍了高温干旱的种类及发生规律、对玉米生长发育的影响，提出应对高温、干旱的技术措施。

在玉米整个生育期内,温度是重要的气象因子,适宜的环境温度是获得高产的先决条件之一,温度过高或者过低都会对玉米的生长发育造成严重影响。随着近年来气候不断变暖,我国玉米产区异常高温天气出现频率越来越高,出现高温灾害的同时一般均伴随着干旱灾害,持续的高温、干旱给玉米生产带来严重的危害。夏玉米生育期间在不同生育阶段常遇到高温干旱,持续的高温干旱常引起玉米生长发育受阻,致使开花吐丝不畅、结实不佳,出现稀子、秃顶,重者整穗无子甚至整块田绝收等。本章重点介绍黄淮海地区夏玉米生长期高温干旱的发生特点,结合生产实际,提出防控措施,以指导夏玉米生产。

第一节

高温干旱的概念和种类

高温灾害是指高温对植物生长发育和产量形成所造成的损害。即由于温度超过植物生长发育适宜温度的上限而对植物造成损害,主要包括高温危害和日灼伤害等。“热在三伏”,一般三伏出现在 7 中旬至 8 月中旬,是一年中最热的时候。黄淮海地区夏玉米此时正处于开花吐丝前后,如果天气干旱少雨,很容易出现高温天气,对玉米的生长及开花结实造成严重的影响。

一、高温灾害类型及危害时期

玉米是喜温作物,全生育期均要求较高的温度,但是不同生育期对温度的要求又有所不同。根据不同生育阶段和遭受高温灾害的受害机制和表现形式,可以把玉米高温灾害类型分为 3 种。

1. 延迟危害型

在玉米生长发育过程中,较长时间受到不同程度的高温危害,使酶活性减弱,光合作用受阻,同时呼吸作用增强;引起光合产物积累量降低,导致营养生长不良,器官建成速度减慢和生长发育迟滞。延迟型的高温灾害主要发生在苗期至抽穗期。

2. 障碍危害型

在玉米生殖器官分化期、孕穗抽雄至开花散粉、吐丝受精和籽粒形成阶段,遭受异常高温危害,使生殖器官受到损害,造成不育、授粉结实不良。这种危害时间较短,但受害后难以恢复正常。高温危害发生后,表现为雄穗开花授粉不良、花粉少,雌穗吐丝不畅,受精不良和籽粒败育,形成大量秃尖、缺粒、缺行,甚至不结实造成空秆,从而导致严重减产。障碍型高温灾害主要发生在孕穗期至籽粒形成期。

3. 生长不良型

玉米营养生长阶段长期受到高温危害,致使高度降低、叶片数减少,秸秆细弱,果穗变小,穗短行少,穗粒数减少,但成熟期没有明显延迟,千粒重受影响也不大。主要因为长势弱,营养体小引起穗小粒少,最终导致减产。生长不良型高温灾害在整个生育期间都可以发生,但危害程度轻,持续时间长。

二、干旱灾害类型及危害时期

高温灾害的同时一般均伴随干旱灾害,根据不同生育阶段和干旱发生的季节特点可以把玉米的干旱灾害类型分为 3 种。

1. 初夏干旱

6 月上中旬是黄淮海地区夏玉米的播种期和苗期。此时若出现干旱,会影响夏玉米的播种出苗,造成玉米播期推迟、出苗不齐,进而影响玉米的产量。

2. 伏天干旱

伏天通常是指 7 月中旬至 8 月中旬的三伏时段,这段时间发生的干旱俗称伏旱。此时黄淮海地区的夏玉米正值孕穗、开花授粉期及籽粒形成时期,也是夏玉米全生育期中需水最多和干旱反应敏感时期。此时发生干旱对玉米造成的危害最为严重,因而这个时期发生的旱灾被称为"卡脖子旱",会影响夏玉米抽雄开花和吐丝、授粉与结实,进而造成严重减产。

3. 秋天干旱

秋天干旱是指 8 月下旬至夏玉米收获这段时期发生的干旱。8 月中旬以后,夏玉米已经进入籽粒灌浆期。此时玉米对土壤水分的要求不高,但是水分不足将使玉米的灌浆速度下降和灌浆持续时间缩短,甚至引起籽粒败育。

第二节

高温干旱灾害的发生规律 ▶

高温天气是指日最高气温达 35℃ 或 35℃ 以上。如果连续 3 天最高气温 >35℃ 或 1 天最高气温 >38℃ 即为极端高温天气。黄淮海地区日最高气温 >35℃ 年最长日数的情况是 ≤5 天为 10 年 5~6 遇,6~10 天为 10 年 2~3 遇。说明黄淮海地区高温灾害天气最长连续日数有 1/2 的年份在 5 天及其以下,一般不会对玉米造成严重危害,但是如遇到 10 年 1~2 遇的 10 天以上的连续高温,往往伴随着干旱发生,容易对玉米造成障碍型灾害,从而影响玉米开花授粉,导致玉米结实不良,引起严重减产。以 2013 年为例,进入 7 月以后,黄淮海地区极端天气频发,7 月下旬至 8 月上旬,黄淮南部地区遭遇连续

20 余天的高温干旱天气,其中河南省黄河以南大部分地区旱情严重,同时由于天气炎热,农村劳动力缺乏,造成部分有灌溉条件的地区也没有及时灌溉,部分旱情严重地区玉米萎蔫死亡。

长时间高温天气或者少雨季节会引发干旱灾害的发生。采用降水量距平百分率作为指标讨论对农业有意义的生长季节的干旱,并利用我国 300 多个气象台站的降水资料,按一定的标准统计了1951~1990 年干旱发生的情况。40 年中我国大部地区出现的干旱次数有 10~30 次,其中黄河中下游、海河流域、淮北地区及广东东部和福建南部沿海有 35~40 次,几乎平均每年有一次不同程度的干旱出现。我国大致有 4 个明显的干旱中心:华北平原至黄土高原一带,南岭至武夷山一带,东北西部,云南中北部和川南一带,本节以华北平原为例介绍干旱特征。

黄淮海流域干旱区是我国发生干旱面积最大、频次最高的地区。在 3~10 月的农作物生长期内均有可能发生,其中春旱发生频次最高,有"十年九春旱"之说。如 1951~1980 年的 30 年内就有 26 年出现了不同程度的春旱。大多数春旱年之前的冬季少雨(雪),甚至自秋季就少雨,如 1999 年。有的春旱可持续到 6 月、7 月,出现春夏连旱,对农业产生影响更为严重,如 1962 年、1972 年、1997 年等。个别年份如 1965 年甚至春夏秋三季连旱,对农业生产影响更为严重。夏旱的频次低于春旱,但多与春旱或秋旱相连,如 1957 年、1974 年等,对农业生产影响也比较大。

第三节
高温干旱对玉米生长发育的影响

一、高温天气对玉米生长发育的影响

高温条件下,光合蛋白酶的活性降低,叶绿素结构遭受破坏,引起气孔关闭,从而使光合作用减弱。另一方面,在高温条件下呼吸作用增强,呼吸消耗增多,干物质积累量明显下降。

高温造成玉米结实率下降(图 5 − 1)。据宿州试验站和江苏试验站调查(2013 年),当地玉米结实率受播期影响较大。以隆平 206 在宿州的表现为例:6 月 10 日播种的地块与常年粒数相比结实率达 99.7%,6 月 16 日播种结实率为 91.3%,而 6 月 18 日播种结实率猛降至 69.5%。不同品种对高温的反应有差异。据宿州试验站的调查结果,6 月 19 日播种的 30 多个品种中,结实率最好的浚单 20 结实率达到 97.08%,最差的威玉 17 结实率仅有 23.65%(表 5 − 1)。

图 5 − 1　高温造成玉米结实率下降(安徽宿州,2013)

表 5 - 1　6 月 19 日播种 36 个品种结实率 (宿州试验站,2013)

品种名称	结实(%)	品种名称	结实(%)	品种名称	结实(%)	品种名称	结实(%)
浚单 20	97.08	隆平 206	91.71	农华 101	79.06	滑玉 16	70.48
浚单 29	96.23	开玉 15	91.5	中单 909	77.74	苏玉 23	64.19
金丹 3 号	95.71	蠡玉 35	90.81	宁玉 614	77.40	农乐 988	60.35
蠡玉 88	95.19	美豫 5 号	90.25	伟科 702	77.38	LD9088	60.26
郑单 958	94.42	隆平 211	87.60	联创 7 号	77.14	先玉 688	57.40
俊达 001	93.50	蠡玉 81	85.67	丰乐 21	77.11	淮玉 1001	56.46
登海 702	93.30	新安 13	85.19	苏玉 29	76.03	丹玉 302	37.86
奥玉 21	93.02	蠡玉 37	83.11	宏大 8 号	75.60	西由 50	36.82
郑单 958	92.30	津北 288	81.80	登海 605	72.76	威玉 17	23.65

　　高温异常天气,影响到部分品种的雌穗分化,造成苞叶短小、果穗籽粒外露的畸形现象(图 5 - 2),籽粒失去苞叶保护以后,又导致虫害。从血缘关系上判断,含有先玉 335 等美国种质的品种畸形穗较多。据漯河试验站调查:蠡玉 37 畸形穗发生率为 66%,农禾 518 为 22% ~85%,金城 508 为 22%,济丰 96 畸形穗受密度影响较大,低密度下为 5% 以下,高密度条件下为 50% 以上。

图 5 - 2　高温造成部分玉米品种穗部畸形(河南省西平,2013)

高温天气还造成部分不耐高温的品种发生热害,植株早衰,下部叶片保持绿色,上部叶片枯萎变黄,以先玉335最为典型(图5-3)。

图5-3 郑单958(左)和先玉335(右)对高温天气的反应对比(河南省西平,2013)

二、干旱对玉米生长发育的影响

玉米播种出苗期需水较少,要求耕层土壤必须保持田间持水量的60%~70%,就可以促进根系发育,培育壮苗,减轻倒伏及提高产量。如果墒情不好,就会影响玉米的发芽出苗,即使种子勉强膨胀发芽,也往往会因出苗力弱而造成严重缺苗。拔节孕穗期茎叶生长迅速,植株内部雄雌穗原始体开始分化,干物质积累增加,蒸腾旺盛,因此需要较多的水分,特别是抽雄前15天左右雌穗已经形成,雌穗正加速小穗小花分化。此时干旱会引起小穗小花数目减少,同时还会造成"卡脖旱",延迟抽雄和授粉,降低结实率而影响产量。

玉米对水分最敏感的时期是抽雄开花期前后,这一时期玉米植株新陈代谢最为旺盛,对水分的要求达到最高峰。如土壤水分不足,天气干旱就会缩短花粉的寿命,推迟雌穗抽丝的时间,授粉不好,增加不孕花,导致严重减产。抽雄开花期是玉米需水临界期,这一时期要求田间持水量达到80%左右。

玉米生育后期干旱往往造成玉米早衰,2013年对河南省郑州、开封、驻马店、漯河、周口、南阳等地考察表明,干旱造成玉米大面积萎蔫,部分地块已经早衰死亡。由于干旱发生在玉米吐丝后15天以前,又造成部分籽粒败育,灌浆减慢(图5-4),从而导致玉米穗粒数减少,粒重下降,周口、驻马店等地的旱情严重地块预计减产近一半。调查发现,不同类型的品种耐旱性不同,先玉335类型的品种耐旱性较差,伟科702、郑单958等耐旱性较好(图5-5)。

图5-4 受干旱影响的玉米果穗秃顶严重(河南省商水,2013)

图5-5 郑单958(右)和先玉335(左)对干旱的反应对比(河南省西平,2013)

第四节
玉米高温干旱防救技术

为减少或避免高温干旱灾害性天气对玉米生产造成的损失,必须采取相应的预防措施。

一、玉米抗高温关键措施

1.选育推广耐热品种,预防高温危害

研究表明,不同品种的耐热性有显著差异,这在玉米育种和生产实践中已得到证实。因此,应筛选和种植高温条件下授粉、结实良好、叶片短、直立上冲,叶片较厚、持绿时间长,光合积累效率高的耐逆品种,是降低高温伤害的有效措施。

2.人工辅助授粉,提高结实率

在高温干旱期间,玉米的自然散粉、授粉和受精结实能力均有所下降,如果在开花散粉期遇到38℃以上持续高温天气,建议采用人工辅助授粉提高玉米结实率,减轻高温对作物授粉受精过程的影响。一般在早上8~10点采集新鲜花粉,用自制授粉器给花丝授粉即可,花粉要随采随用。制种田采用该方法增产效果非常显著。

3.适当降低密度,采用宽窄行种植

在低密度条件下,个体争夺水肥的矛盾较小,个体发育较健壮,抵御高温伤害的能力增强,能够减轻高温热害。采用宽窄行种植有利于改善田间通风透光条件、培育健壮植株,使植株体耐逆性增强,从而增加对高温伤害的抵御能力。

4.加强田间管理,提高植株耐热性

通过加强田间管理,培育健壮的耐热个体植株,营造田间小气候,增强个体和群体对不良环境的适应能力,可有效抵御高温对玉米生产造成的危害。

(1)科学施肥,重视微量元素施用 以基肥为主,追肥为辅;重施有机肥,兼顾施用化肥;要注意氮、磷、钾平衡施肥(比例为3∶2∶1)。微量元素肥料可以基肥施用,也可在喇叭口期喷洒,增强玉米的耐热性。

(2)苗期蹲苗进行抗旱锻炼,提高玉米的耐热性 利用玉米苗期耐热性强的特点,在出苗10~15天后进行20天的抗旱和耐热性锻炼,使其获得并提高耐热性,减轻玉米一生中对高温最敏感的花期对其结实的影响。

(3)适期喷灌水,改变农田小气候 高温期间提前喷灌水,可直接降低田间温度;同时,灌水后玉米植株获得充足的水分,蒸腾作用增强,使冠层温度降低,从而有效降低高温胁迫程度,也可以部分减少高温引起的呼吸消耗,减免高温热害。

二、玉米抗干旱关键措施

1.玉米节水灌溉抗旱技术

(1)整修渠道 目前地上渠道灌溉面积大,且渗漏水严重,是玉米灌溉中造成浪费水的主要原因。最好采取先整修渠道,然后铺一层塑料布的办法。可减少渗漏,确保畅通,一般可节约用水23%~30%。

(2)因地制宜,改进灌溉方法 一是对水源比较丰富、宽垄窄畦、地面平整的地块,可采取两水夹浇的方法;二是对地势一头高一头低的地块,可采取修筑高水渠的方法,把水先送到地势高的一头,然后让水顺着地势往低处流;三是对水源缺乏的地方,可采用穴浇点播的

方法,播前先挖好穴,然后再担水穴浇进行点播,一般可节约浇水80% ~90%。

(3)推广沟灌或隔沟灌　玉米为高秆作物,种植行距较宽,采用沟灌非常方便。沟灌除了省水外,还能较好保持耕层土壤团粒结构,改善土壤通气状况,促进根系发育,增强抗倒伏能力。沟灌一般沟长可取 50 ~100 米,沟与沟间距为 80 厘米左右,入沟流量以每秒 2 ~3升为宜,流量过大过小,都会造成浪费。

隔沟灌可进一步提高节水效果,可结合玉米宽窄行采用隔沟浇水,即在宽行开沟浇水。每次浇水定额仅为 300 ~375 吨/公顷,这种方法既省工又省水。控制性交替隔沟灌溉不是逐沟灌溉,而是通过人为控制隔一沟浇一沟,另外一沟不灌溉。下一次浇时,只灌溉上次没有浇水的沟,使玉米根系水平方向上的干湿交替。每沟的浇水量比传统方法增加 30% ~50%,这样交替灌溉一般可比传统灌溉节水25% ~35%,水分利用效率大大提高。

2. 化学抗旱

(1)生长调节剂　如前所述,高温通过打破作物体内激素的平衡关系而使作物产量降低。通过外施植物生长调节剂应该能够使这种平衡关系得到恢复。研究表明,玉米外施激动素(BA)能够减轻高温造成的伤害(Caers;Cheikh)。

除植物生长调节剂外,人们还用多种物质在不同作物上进行了试验研究。结果表明,水杨酸(SA)对芥菜(James),脯氨酸、多效唑(PP333)、Ca^{2+}、甘露醇、谷胱甘肽(GSH)分别对黄瓜(缪珉等)、辣椒(张宗申)、小麦(刘富林)和玉米(陈大清)的耐热性有一定的效果。但这些试验多是在苗期或离体条件下进行的,其结果能否应用于大田有待进一步验证。

(2)土壤保水剂　土壤保水剂是一种高吸水性树脂,能够吸收和保持自身重量 400 ~1 000 倍水分。利用保水剂的保水性能,在播种期较干旱的条件下促进种子萌发,提高出苗率。一定浓度保水剂不会造成作物种子水分倒吸现象,不影响种子发芽。能促进根系发育,显著增加根系活力和吸收能力,提高植株的抗逆性。另外,与作物生长关系最为密切的因素是作物根系从土壤中吸收水分,而作物根系从土壤中吸收水分是一个生物物理过程,施用保水剂能改变这一生物物理条件,使根际土壤含水率处于良性状态,保水剂通过保水作用能缓解水分胁迫对作物的不良影响。赵敏等研究认为,在干旱半干旱地区使用保水剂处理土壤或种子是一种抗旱保全苗的栽培措施。保水剂能明显改善土壤供水状况,促进种子萌发,提高根系活力和玉米抗旱能力,维持植株正常生理代谢,促进玉米生长发育,显著提高玉米产量。

3. 农艺栽培抗旱技术

(1)选用耐热、耐干旱品种,使用种子包衣 这是减轻作物高温胁迫的最有效的方法。Shanahan 等在美国北大平原的南部进行的试验表明,耐热型品种,较热敏感品种增产21%,但在中部、北部试验点上,两种类型品种的产量没有显著差异(Shanahan)。

有条件的提倡用生物钾肥拌种,每亩用 500 克,对水 25 毫升化开后与玉米种子拌匀,稍加阴干后播种,能明显增强抗旱、抗倒伏能力。也可用禾欣液肥拌种,播前每亩用禾欣液肥 50 毫升,对水 500毫升稀释后拌种,提高抗旱、抗寒、抗病能力。此外用 SA－1 吸水剂拌种。方法是先把玉米种子浸湿,再拌上种子重量 1.5% ~2% 吸水剂,晾干后播种。防止干旱效果突出。

(2)蹲苗 指在苗期减少水分供应,使之经受适度缺水的锻炼,促使根系发达下扎,根冠比增大,叶绿素含量增多,光合作用旺盛,干物质积累量多。经过锻炼的植株如再次遇到干旱,植株体保水能力增强,耐旱能力显著增加。

(3)积极采取人工辅助授粉,提高玉米结实率 高温对玉米授粉结实会造成严重的影响,当温度高于32℃时,不利开花授粉,气温超过35℃,会导致花粉活力降低、吐丝困难、雌雄穗不协调、授粉结实不良,秃顶增长,产量下降;若最高气温达到38℃以上,将发生严重高温热害而显著减产。在一段时间最高温度均达到38℃以上的情况下,如果尚处在开花散粉阶段的玉米田要尽快采用人工辅助授粉,可采用竹竿赶粉或采粉涂抹等人工辅助授粉法,使落在柱头上的花粉量增加,增加选择授粉受精的机会,减少高温对结实率的影响,一般可增加结实率5%～8%。

(4)敏感期补水　灌水不仅使玉米植株获得充足的水分,也可以加快蒸腾作用,使冠层温度降低,从而有效降低高温对玉米胁迫程度,也可以部分减少高温引起的呼吸消耗,减免高温热害。有条件的可利用喷灌将水直接喷洒在叶片上,降温幅度可达1～3℃,效果更好。

(5)科学施肥　高温晴热天气导致土壤失墒快,对肥料的利用率下降,要注意及时追肥,同时要注意追肥和灌水相结合。建议每亩追施尿素8～10千克,同时可采用叶面喷施微肥,特别是锌、铜元素能增强花丝和花药的活力及抗高温和干旱能力,增强植株耐热性。喷施磷酸二氢钾也可有效减轻高温热害的作用。叶面喷肥既有利于降温增湿,又能补充玉米生长发育必需的水分及营养,但喷洒时需增加用水量,降低喷洒浓度。用尿素、磷酸二氢钾水溶液及过磷酸钙、草木灰过滤浸出液于玉米破口期、抽穗期、灌浆期连续进行多次喷雾,增加植株穗部水分,能够降温增湿,同时可给叶片提供必需的水分及养分,提高籽粒饱满度。

生产中采用耐热或耐旱的玉米品种是抵御高温干旱胁迫最经济有效的方式,选育和推广耐高温、耐干旱品种是最佳途径。耐热性是玉米对高温环境的一种适应能力。高温的同时常常伴随着干旱,而且干旱和高温对玉米的伤害有相似之处。因此对高温伤害的研究比较复杂,很难将高温和干旱胁迫区分开。不同品种在不同的生育阶段,在不同的环境条件下,其耐热性表现方式不同,针对不同胁迫方式和玉米所处的生长发育阶段,采取相应的对策,使玉米尽可能有效地适应气候变化以获得相对高产,是玉米生产实践中需要认真研究和对待的问题。

第六章

阴雨寡照的危害与防救策略

本章导读：玉米生长发育过程中遭遇阴雨寡照天气,直接限制其光合生产能力,导致产量降低。本章主要介绍阴雨寡照对玉米生长发育的影响,以及预防或减轻阴雨寡照危害的防御技术措施。

玉米阴雨灾害是指连阴日数多、寡照少光对玉米的危害。玉米生长发育过程中遭遇阴雨寡照天气，直接限制其光合生产能力，导致产量降低。通常光不作为限制玉米生长发育的因素考虑，但在目前玉米生产水平不断提高，种植密度增加的情况下，光作为玉米实现高产更高产的限制因子而被提了出来。另外，玉米生长期正处于一年中的主要降水季节，阴雨天也易造成光照不足。本章主要介绍阴雨寡照灾害性天气的发生规律、对玉米生长发育的影响以及对应的防御措施。

第一节
阴雨寡照灾害性天气的概念和发生规律

阴雨寡照天气，即我们常说的连阴雨。连阴雨指连续3天以上的阴雨天气现象（中间可以有短暂的日照时间）。连阴雨天气的日降水量可以是小雨、中雨，也可以是大雨或暴雨。不同地区对连阴雨有不同的定义，一般要求雨量达到一定值才称为连阴雨。例如，定义连续≥5天、日降水量≥0.1毫米、过程总降水量≥30毫米为一个连阴雨过程。连阴雨主要危害农作物：在农作物生长发育期间，连阴雨天气使空气和土壤长期潮湿，日照严重不足，影响作物正常生长；在农作物成熟收获期，连阴雨可造成果实发芽霉烂，导致农作物减产。

连阴雨又称梅雨、黄梅天。连阴雨过程常常与低温过程相伴，根据阴雨和气温的状况，可划分为：低温型阴雨、温暖型阴雨、前冷后暖型阴雨、前暖后冷型阴雨、冷暖交替型阴雨等。按照温度又可分低温连阴雨和高温连阴雨两种，前者日平均气温低于12℃，后者高于12℃。

连阴雨天气的出现主要受天气系统季节性分布的影响,但其对农业造成的危害则与农业生产的季节性密不可分,因此连阴雨的时空分布呈现出明显的季节性与地域性。中国初春或深秋时节接连几天甚至整月阴雨连绵、阳光寡照的寒冷天气,又称低温连阴雨。连阴雨同春末发生于华南的前汛期降水和初夏发生于江淮流域的梅雨不同。后两者虽在现象上也可称连阴雨,但温度、湿度较高,雨量较大;而前者的主要特点是温度低、日照少、雨量并不大。连阴雨的灾害,主要在低温方面。初春连阴雨,往往出现在水稻播种育秧时节,易造成大面积烂秧现象;秋季连阴雨如出现较早,会影响晚稻等农作物的收成。春季连阴雨主要出现在长江流域及其以南地区,影响春播和夏收作物生长发育;初夏连阴雨主要出现在长江流域一年一度的梅雨季节;秋季连阴雨主要出现在中国西部地区,形成"华西秋雨"。

中国常见的连阴雨有:南方稻区春季连阴雨,长江流域初夏梅雨季节的连阴雨,北方地区盛夏连阴雨,西北地区东部、长江中下游、西南地区秋季连阴雨,中东部地区冬季连阴雨(雪)等。

第二节

阴雨寡照灾害对玉米生长发育的危害

玉米是喜光作物,光饱和点高,全生育期都需要充足的光照。但玉米在生长发育过程中常遭遇连续阴雨低温或伏天高温、光照不足的天气,直接限制了其光合生产能力,不但使玉米生长发育受到不同程度的影响,而且也会导致产量降低。

一、光胁迫影响玉米生长发育及形态建成

早期遮光显著地降低了植株高度,遮光开始越晚,降低越少,后期遮光反而使株高增加。降低光照度可使玉米幼苗新叶出生速率显著下降。生长期间光合有效辐射的水平可以显著地改变叶片的形态学、解剖学、生理生化等方面的性能。遮光对最终的叶片数目没有影响。营养生长阶段遮光也影响叶面积、株高、茎粗及生殖器官的发育,最终导致干物质产量和品质降低。玉米开花前遮光延迟了抽雄和吐丝日期,若遮光时间较长,吐丝将比散粉推迟更多,从而造成花期不遇。玉米雄穗发育时期对弱光照非常敏感,弱光可导致雄穗育性退化。

二、光胁迫影响玉米的光合特性

光照度与群体光合速率的关系呈"S"曲线形。在大喇叭口期,6万勒克斯(lx)光照度以下,光照度与群体光合速率呈直线关系,随着光照度增加,其对群体光合的影响逐渐变小。光照减弱时会导致与光合相关的酶发生变化。RuBP 羧化酶的活性在弱光下急剧下降,并且其活性下降的速率远远大于可溶性蛋白的降解速率,由遮光引起的玉米最大光合速率与 PEP 羧化酶活性下降的关系比与 RuBP 羧化酶的关系更为密切。弱光下,碳水化合物供应减少,硝酸还原酶活性下降。

三、光胁迫影响玉米产量形成

对玉米而言,即使是短期遮光也可以降低生产能力,尤其是籽粒

产量,降低程度取决于遮光时期。开花前后遮光可限制生殖器官发育,也包括干物质的分配。不同时期遮光对玉米产量构成因素有不同影响。从雌穗小花分化期到籽粒灌浆初期(吐丝前 12 天到吐丝后17 天),遮光都可显著地降低穗粒数。苗期遮光粒数下降,对粒重无显著影响;开花期遮光,粒数下降,虽然粒重稍有上升,但产量仍显著下降;籽粒形成期遮光,粒重和粒数下降,产量也显著下降。

玉米进入扬花授粉期遭遇寡照,会影响雄穗散粉和雌穗授粉,或授粉后被雨水冲刷无法形成受精,使玉米不能正常结粒。在黄淮海地区,8 月上旬是全年高温时段,有时阴雨高温闷热,正值夏玉米开花授粉时期。玉米花粉粒遇到阴雨,吸水破裂丧失活力;遇到高温天气花粉粒活力降低,导致授粉不良结实率低,往往出现秃尖、秃尾、缺行、缺粒,果穗出现"半边脸"现象,减产严重。

四、光胁迫影响玉米的品质

玉米开花后较适宜的温度和充足的光照是改善玉米营养品质的关键。适宜的温度和充足的光照,籽粒中蛋白质、氨基酸、赖氨酸养分含量提高,而淀粉、可溶性糖、游离氨基酸等含量降低。

五、病虫害发生

阴雨寡照使得田间温度低、湿度大,加之玉米生长弱,抗逆性降低,适宜于多种病害发生和蔓延,如玉米丝黑穗病、大斑病、小斑病、茎腐病等发生严重。

2009 年河南省周口、南阳等地夏玉米生长期间阴天寡照天气较多,特别是吐丝授粉和灌浆期前后的阴天较多,不利于授粉和籽粒灌浆,部分品种因对气候敏感而果穗结实受到一定影响(图 6 - 1)。

图 6 - 1　阴雨寡照导致穗部结实率下降(河南省周口,2009)

第三节
玉米阴雨寡照灾害防御技术

　　玉米抽穗灌浆期阴雨寡照灾害的防御,首先要加强玉米抗阴雨品种的选育和引进,利用传统育种技术与高新生物技术相结合选育耐阴、灌浆速率快、籽粒脱干快的玉米品种,广泛征集、鉴定筛选抗阴雨品种应用于生产,在此基础上运用综合措施防御。

一、搞好品种的合理布局

选用耐阴品种,根据品种特性和气候条件合理布局玉米品种,选育耐阴品种。矮秆、叶片上冲、雄穗较小、叶片功能期长的品种都有较好的耐阴性。

二、适时早播,使敏感期躲过阴雨天气

根据当地气候规律安排玉米播种期。各地都有较为集中的阴雨天气高发期,如黄淮海地区多在 7 月中下旬,则夏玉米播种期应尽量提前,可减轻阴雨危害。同时,适时早播,结合应用育苗移栽技术,可提早成熟,有效地避开后期低温阴雨危害。播种时必须采取播前晒种、催芽,以便提早出苗。

三、运用地膜覆盖技术

地膜覆盖栽培玉米,可以保温保水,提早生育期,避开后期低温阴雨危害,是解决山区积温、光照不足和玉米生育期长的矛盾的有效方法。同时还可促进土壤微生物活动,使玉米吸收土壤中更多的有效养分,促进玉米生长发育,提高抵抗低温阴雨灾害的能力。

四、加强田间管理,增强玉米抗阴雨寡照灾害能力

在管理上突出一个"早"字,切实做好中耕、除草、培土和病虫防治。遇到降水较多的月份,要及时疏通田间地头的排水系统,保证玉

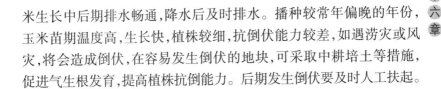

米生长中后期排水畅通,降水后及时排水。播种较常年偏晚的年份,玉米苗期温度高,生长快,植株较细,抗倒伏能力较差,如遇涝灾或风灾,将会造成倒伏,在容易发生倒伏的地块,可采取中耕培土等措施,促进气生根发育,提高植株抗倒能力。后期发生倒伏要及时人工扶起。

五、加强肥水管理,防治玉米早衰

增施肥料能明显提高群体净同化率,减轻连阴危害。应重视花粒肥的施用,开花期增施氮肥,以提高叶片光合效率、延长叶片功能期。在籽粒灌浆期追施总氮量的 15% ~ 20% ,每亩可施用尿素 7.5 千克左右。高产攻关田提高后期用氮肥比例,花粒肥增至 30% 左右,每亩可施用尿素 15 千克左右。施用时可结合浇水或趁降水前追施,以提高肥效。同时在施肥技术上,务必实行平衡施肥,重视磷、钾、锌肥的施用,以促进玉米生长发育,提早成熟,增强抗御能力。

六、辅助人工授粉,提高结实率

密切关注阴雨寡照天气下玉米授粉情况,及时采取应对措施。加强玉米花粒期田间管理,及早拔除小弱株,改善田间通风透光条件。高产攻关田可进行人工去雄和辅助授粉。大田玉米开花授粉期间如遇连续阴雨,也要采取人工辅助授粉等补救措施,切实提高结实率,努力增加穗粒数。

七、喷施生长调节剂,增强玉米抗阴雨寡照

研究表明,在玉米雄穗分化早期施用低剂量(100 毫克/千克)乙烯利,可提早抽穗开花 4 天,有利于避开后期低温阴雨寡照,使产量

平均增加 8% ~ 10%;在玉米拔节期叶面喷施矮壮素(0.25% 矮壮素 50 千克/公顷)可早熟 7 天左右,增产 33.89%;用浓度 0.25% 矮壮素,浸种 6 ~ 10 小时,也可增产 20%。低温阴雨寡照常发区应因地制宜推广应用生长调节剂调控技术。

八、加强病虫害监控,及时防治虫害

穗期是多种病虫的盛发期,花粒期仍有多种病虫危害,要搞好监测预报,及时进行防治。防治弯孢菌叶斑病可用 50% 百菌清、50% 多菌灵、70% 甲基托布津 500 倍液喷雾;大斑病可用 40% 克瘟散、50% 多菌灵、75% 代森锰锌等药剂 500 ~ 800 倍液喷雾。褐斑病可用 50% 多菌灵、70% 甲基托布津 500 倍液喷雾防治。锈病可用 20% 粉锈宁乳油每亩 75 ~ 100 毫升喷雾防治。玉米穗虫可用 90% 敌百虫 800 倍液滴灌果穗防治。玉米蚜可用 50% 辟蚜雾每亩 8 ~ 10 克或 10% 吡虫啉每亩 10 ~ 15 克加水 45 千克喷雾防治。三代黏虫可用 50% 辛硫磷 1 000 倍液喷雾防治。

第七章

洪涝渍害与防救策略

本章导读：洪涝渍害是农业生产中面临的重大非生物逆境灾害，对玉米生产影响严重。本章主要介绍洪涝渍害的成因与特点，对玉米生长的影响、危害与特征，并提出了预防或减轻洪涝渍害对玉米危害的措施。

洪涝渍害是世界上大多数国家农业生产中面临的重大非生物逆境之一。其形成的原因主要是由于降水时间过长和过于集中。当冷暖空气交集的锋面长期停滞在一个地区,就会形成连阴雨;台风或夏季的气旋活动常带来大暴雨。大范围的洪涝通常与大气环流的异常有关。不利的地理条件及无度的人类活动都是造成洪涝产生的重要因素。洪涝渍害对玉米的发芽、生长发育都有着严重的破坏作用。玉米不同生育时期渍涝都将严重影响产量的形成。因此,系统研究玉米在渍涝胁迫下的生理生化生态机理,对于提升玉米抗渍能力显得极为重要。

第一节

洪涝渍害的成因及特点 ▶

一、洪涝渍害的成因及类型

中国发生渍涝的土地面积约为国土面积的 2/3,其中超过 3/4 的受灾面积为黄淮平原和长江中下游平原两大粮食主产区。我国大部分地区为季风气候:冬季风盛行时,干冷少雨;夏季风则炎热、潮湿。当其向北推进与北方冷空气相遇时,便在锋面附近形成雨带从春季到盛夏,随着西太平洋副热带高压的增强北上,夏季风逐渐向北推进。多雨地区也随之向北推移。因此,我国华南地区的雨带一般集中在 4~5 月;而江南一带的雨带主要集中在 5~6 月;江淮地区的雨带就推迟至 6~7 月;华北的雨季最迟,通常在 7 月中下旬。但是当大气环流异常时,雨带便在某个地区长期徘徊就形成涝灾。除了降水因素外,地形闭塞、地势低洼、地表径流慢、地下水位高等因素也是形成涝害的必要条件。例如在迎风坡的山麓地区,若山坡较陡,缺乏植被,集水面积又大,排水不畅,雨涝就比较严重;河流中下游沿岸的平原地区在雨季河流水位上涨,如遇大暴雨则泛滥成灾。

按照洪涝灾害的发生季节,可将我国涝害分为春涝、夏涝、秋涝和春夏连涝、夏秋连涝等类型。春涝主要由春季连阴雨形成,其特点是降水强度小、持续时间长,主要发生在华南及长江中下游地区。造成越冬作物的湿害,农田积水引起小麦、油菜烂根,早衰、病害流行。春夏连涝使危害加重,锋面雨带的缓慢移动或持续停留是形成夏涝的主要原因。其特点是降水强度大,淹没农田,冲毁作物,有时还诱发病虫害大量发生。夏涝是我国农业生产中的主要涝害,黄淮海平原、长江中下游、东南沿海、四川盆地、东北西部发生频率最高,能直接影响夏收夏种和秋作物生产。秋涝有两种情况:一种是由秋季连阴雨造成的;另一种由台风入侵带来的大暴雨所致。秋涝的降水强度较大,但持续的时间不像夏涝那样长。秋涝和夏秋涝对秋收作物产量影响都很大,对秋收、秋种也不利。从涝害分布的地区上,我国的洪涝灾害主要发生在长江、黄河、淮河和海河等4条江河的中下游地区,特别是黄河和海河下游几乎每年都有发生。黄淮海地区夏涝最多,7～8月洪涝范围大、次数多。其次为秋涝和夏末初秋连涝;长江中下游地区夏涝最多。6月是梅雨的主要季节,受涝次数居全年首位;华南地区由于雨季来得早,时间长以及夏秋又易遭受台风袭击,因而是全国受涝次数最多、涝期最长的地区,主要集中在5～7月;东北地区洪涝灾集中在夏季,特别是7月、8月两个月;西南地区洪涝出现的迟早和集中期不完全一样,贵州洪涝出现在4～8月。四川、云南主要集中于夏季;西北地区则无大范围涝灾出现。

因此,渍涝灾害严重制约中国粮食的生产发展。尤其是我国黄淮海流域洪涝渍害频繁、灾情严重。其灾害的原因主要可以归纳为以下几点:

(一)不利的自然地理条件

我国南北气候带以秦岭—淮河为界,黄淮海流域一带气候南北交替明显。因此黄淮海流域降水天气因素众多,主要有低压槽、冷锋、气旋波、切变线、低涡和台风等。而且组合十分复杂,同一次暴雨可能受多个天气系统影响。暴雨类型大致有 2 种。一种是梅雨型暴雨,发生在 6 月、7 月。由涡切变形成流域性大暴雨,其特点是面广、量大、持续时间长,极易造成洪涝灾害,如 1931 年、1954 年、1956 年、1957 年、1968 年、1991 年以及 2003 年特大暴雨。另一种是台风型暴雨,其特点是强度大、历时短、范围小,易造成局部特大洪涝灾害,如 1956 年 8 月、1965 年、1974 年和 1975 年特大暴雨。同时淮河流域降水时空分布很不均匀,70% 的降水集中于 6～9 月。

淮河流域众多支流均在干流中游汇入,平原洼地众多,包括干流以北的广大冲积平原、洪积平原,下游的苏北平原和南四湖湖西的黄泛平原在内的平原洼地占流域面积的 60%。每当发生流域性降水,上游洪水迅速进入中游河道,中游水位迅速上涨,受河湖高水位顶托,沿淮平原洼地的涝水无法排入淮河干流,形成"关门淹"。苏北里下河地区排水相对独立,但地势低洼,且中间低周边高,自流排水极为困难,抽排能力又有限,一遇暴雨,往往积涝成灾。

(二)黄河侵扰

历史上的淮水原来是一条尾闾通畅、直接入海的河流。但淮河与黄河自古无天然分水岭,黄河屡屡沿淮河北岸支流侵扰淮河水系,特别是 1194～1855 年的黄河夺淮,长达 661 年,使淮河失去了深广的入海水道,淮河流域发生了巨大变化。不能直接入海,改流入江黄河夺淮,淮河下游故道被淤积地上河后,淮河不得不另寻出路。淮河洪水原被拦蓄在洪泽湖里,水位抬高后,采取所谓"蓄清(即淮河泥沙含量少的清水)、刷黄(用淮河清水去冲刷含泥沙量大的黄河浑水)"的治理方略,但毕竟黄强淮弱,见效不大。到 1851 年,洪泽湖水盛涨,冲坏了洪泽湖大堤南端的溢流坝——礼河坝,使淮水沿三河(即礼河)入高邮湖,经邵伯湖及里运河入长江,从此淮河干流由独流入海而改道经长江入海,成为长江的支流。高邮、宝应水位抬高,面积扩大。由于入长江水道太小,遇到较大的洪水排泄不及,就停蓄在高邮、宝应西部洼地,使原有的白马、宝应、氾光、氾社、高邮、邵伯等湖连成一片,湖面不断扩大。由于黄河入海口高仰、下流不畅,经常在淮阴以下决溢,加上黄、淮并涨,往往冲决洪泽湖和里运河大堤,使浩渺的射阳湖淤为平陆洼地,洪水在里下河地区横流泛滥。在自然水力冲刷和人工疏导之下,入江水道的泄水能力不断扩大,而淮河下游运西运东地区的水灾也日益加重。

黄河夺淮对淮北平原和鲁西南平原影响很大,形成了面积广阔的黄泛区。在黄河夺淮的 661 年中,西起开封、东至海滨皆为黄泛区。黄河水在淮河流域漫流地区,使大量泥沙淤积沉淀,淮北广大地区被覆盖,沉积了数层甚至数十层的冲积土,原来的青黑土(砂姜黑土)变成潮土土壤,在河床和近河处较沙、远河处较黏;质地疏松,极易产生风蚀水蚀,致使水土流失严重;开挖的河沟很易淤浅,影响排水。泗水、古汴河、濉河、涡河、颍河均曾为黄河泛道,泛道两岸泥沙堆积成岗地,岗地之间则形成洼地,当再次改道时,相互交叉堆积,出现了许多封闭洼地,成为重点涝灾区。废黄河两堤高出地面 7~10 米,两堤内侧或其他黄泛道被流速特大的股流冲蚀成的槽形地段,形成坡河洼地;沉积的粗沙常随风飞扬,造成严重的沙荒;两堤外侧则形成背河洼地,土壤普遍盐碱化。黄河的长期侵袭造成了水系紊乱、河道淤塞、排水出路不畅;另外黄泛区地面比降多为 1/10 000,河道的平槽泄流能力很低,汛期河道水位经常高出防洪堤脚,内水难以排除;同时这些地区的降水时空分布很不均匀,70% 集中于 6~9 月。历史上黄河长期夺淮是造成今天淮河洪涝灾害最频繁、灾情最严重的最直接和最主要的原因。

(三)不合理的人类活动

不合理的人类活动引起水土流失、河道淤积,人为设障,使得河道的行洪能力下降;人类围垦和开发湖泊洼地,与水争地,降低了对洪水的调蓄能力;人为地任意调整水系,使得水系加剧紊乱、行洪排涝不畅。淮河流域本身具有特殊的气候、地理等不利的自然条件,受到黄河长期夺淮的巨大影响,再加上不合理的人类活动,使其洪涝灾害最频繁、灾情最严重,对其治理也极为困难。总之,淮河地处我国南北气候、高低纬度和陆海交互作用的 3 种过渡带的重叠地区,之所以成为我国 7 大江河中洪涝灾害最频繁、灾情最严重的河流之一,并被称为"最难治理的一条河流"与流域所处的特殊和不利的自然地理条件密切相关。天气上,致洪暴雨天气系统众多且组合十分复杂;降水时空分布很不均匀,降水量年际变化剧烈。地形上,众多支流均在干流中游汇入,平原洼地占流域面积的 60%,形成"关门淹",难以下泄洪水和排除涝水。土壤上,淮北平原和黄泛平原土壤土质紧密,水分不易下渗,最易发生涝渍。与黄河长期夺淮有着直接联系。淮河不能直接入海,改流入江,下游地区水灾日益加重。水系巨大变迁,原本统一的淮河划分为淮河水系和沂沭泗水系,且河系紊乱,河道淤废、排水不畅。洪泽湖的形成、逐渐淤积抬高和入湖河口段倒比降的形成,使中游河道下泄不畅。淮河干流中下游河床比降小,甚至出现倒比降,洪水过程极其平缓。黄泛区涝灾尤其突出。不合理的人类活动加剧了洪涝灾害发生程度。

渍涝分为渍害和涝害,渍害是指地面没有积水,土壤水分却在较长时间内维持饱和或者接近饱和状态;涝害是指地面积水淹没地表面或者全部造成的危害,土壤湿度超过最大持水量 90% 以上即会发生危害。渍涝对植物的危害并不是由于水分过多而引起的直接伤害,实质是由其引起的次生伤害。玉米芽涝是指玉米从播种后吸水萌动至玉米幼苗第三片叶展开这段时期内因淹水或土壤过湿而影响玉米种子发芽、出苗和幼苗生长的现象。玉米苗期渍涝是指玉米第三叶展开到玉米拔节这段时期发生的渍涝。玉米中期渍涝是指拔节期至籽粒形成期发生的渍涝。玉米拔节以后耐渍涝的能力较苗期明显提高,并且随着生育进程的推进和器官的形成,耐渍涝能力进一步增强。灌浆期渍涝是指玉米进入灌浆期及其以后生育阶段发生的渍涝。玉米进入灌浆期以后,虽然适宜的土壤水分较前一生育阶段有所下降,但由于器官已经完全形成,气生根也已长出,耐渍涝的能力不减反增。短期的渍害或积水一般对产量没有大的影响。

二、玉米的耐渍涝能力

在种子吸收膨胀和主胚根开始伸长时,淹水 2 ~ 4 天降低出苗率 50% 以上。有研究证明,苗期二叶期是对渍涝最敏感的时期,渍涝持续超过 6 天总干物质重耐渍指数降至最低。夏玉米拔节期和抽雄期积水持续 3 天以上,减产超过 50%,拔节期积水超过 5 天,抽雄期积水超过 7 天,夏玉米基本绝收。渍涝对玉米产量构成因素的影响因渍水时期不同而有差异,前期主要减少穗行数和行粒数,因而减少穗粒数;后期则主要是降低穗行数及千粒重,并影响籽粒灌浆引起秃尖,从而引起穗重的降低。

(一) 渍涝胁迫对玉米根系的影响及其适应机制

玉米根系和植株其他器官进行呼吸作用的氧气主要是从土壤中直接获取。但当发生涝渍胁迫时,由于氧气在水中的扩散速率仅为空气的 1/10,空气—土壤氧气供应链亏缺,土壤中原有的溶解氧很快被土壤微生物和玉米根系消耗完毕,在玉米根部区域形成缺氧或厌氧环境,导致玉米根系呼吸途径由以三羧酸循环为主的有氧呼吸转变为以乙醇发酵、乳酸发酵、苹果酸发酵为主的无氧呼吸。植物生长发育所需的能量(ATP)在无氧呼吸途径时仅为有氧呼吸途径的 6%,导致能量供应不足,为避免根尖细胞死亡,玉米根系将有限能量应用合成厌氧相关蛋白,如乙醇发酵相关酶类等;另外,无氧呼吸产生大量的乙醇、乙醛、乳酸等物质破坏蛋白质结构,导致细胞质酸中毒危害根系;无氧呼吸导致根系细胞能荷下降,活性氧清除系统活性降低,细胞中活性氧增加,细胞质膜透性剧增,破坏细胞线粒体结构,最终导致细胞功能丧失。玉米苗期在渍涝胁迫下根尖早期快速死亡是对渍涝的一种适应机制。玉米在发育进化过程中形成了对渍涝胁迫的适应能力。玉米在淹水环境下,可在茎基部已有的根原基快速形成大量不定根,取代因缺氧窒息死亡的初生根,不定根根尖细胞内 ATP 酶的分布与活性状态与正常幼苗相似,使根系保持一定的活力和功能,随着不定根的不断生长,在根内部诱导形成通气组织,提高氧气运输能力。研究表明,淹水时根系根尖 ACC 氧化酶转化成乙烯诱导激素(如木质纤维素酶),调节形成通气组织。并表现为乙烯或组织缺氧条件诱导的一种细胞程序性死亡的形式。

(二) 渍涝胁迫对玉米地上部的影响及其适应机制

玉米受到渍涝胁迫时,株高降低,叶片叶绿素合成能力下降,叶绿素 a 和叶绿素 b 含量降低,但叶绿素 a/b 保持不变,叶片呈现出自下而上逐次变黄的衰老症状,叶片数及光合有效叶片数减少,叶片光合作用降低,植株干物质重量降低,矿质营养能力减弱。叶片光合作用降低可能是由于渍涝引起脱落酸(ABA)积累,导致气孔关闭,叶片水势上升,防止叶片脱水,气孔关闭,气孔导度降低,蒸腾速率降低,蒸腾作用减缓,胞间二氧化碳浓度降低。玉米植株细胞内具有活性氧系统和活性氧清除系统。活性氧系统通过脂质过氧化、蛋白质过氧化、核酸过氧化危害植物正常的生理代谢;活性氧清除系统正常情况下和活性氧系统代谢处于平衡状态,当逆境发生时平衡会被打破。逆境条件下植物具有渗透调节能力,产生渗透调节物质,研究表明,耐渍涝性的强玉米品种,叶片中脯氨酸含量高,受渍后可溶性糖含量下降较为缓慢;玉米叶片在渍涝胁迫下产生过渡多肽(TPs)和厌氧多肽(ANPs)两类诱导蛋白,其中 ANPs 中包括有与糖酵解和乙醇发酵的酶类(乙醇脱氢酶、丙酮酸脱羧酶等)。

三、渍害土壤生产力与施肥效应

完善田间排水渠系是促进地面径流、减少雨水向土层渗透、防治玉米渍涝灾害的最有效措施,传统的栽培措施,如起垄播种、调整播期,提早播种,避免芽涝,及时排水中耕,增施速效氮肥等都是减轻玉米渍涝灾害的有效措施。有研究表明,增施锌肥能明显降低植株体内氮、磷含量,提高钾素含量,从而增强玉米的抗渍涝的能力。玉米受长期渍害(21 天)后追施过量的硝态氮反而不利于生长。地膜覆盖可增加地表径流,降低耕层土壤相对湿度 3% ~4% ,从而避免土壤渍涝的发生。应用植物生长调节剂是减轻玉米渍涝危害的有效手段。研究表明,增施细胞分裂素类物质 6 – BA 能有效地抑制受涝玉米叶片不同细胞器内超氧化物歧化酶(SOD)和过氧化氢酶(CAT)活性的下降,减缓植株叶片内叶绿素降解和降低丙二醛(MDA)含量,叶面喷施 8 – 羟基喹啉和抗坏血酸等活性氧清除剂则减缓因渍涝引起的谷胱甘肽(GSH)含量和谷胱甘肽还原酶(GR)活性的下降,向受涝植株喷施超氧阴离子自由基($O_2 \cdot ^-$)产生剂百草枯(PQ)和 SOD 抑制剂二乙基二硫代氨基甲酸钠(DDTC),则可导致 $O_2 \cdot ^-$ 和过氧化氢(H_2O_2)含量的迅速增高,加重渍涝对玉米的危害。

第二节
洪涝渍害对玉米生长发育的影响

一、洪涝灾害对玉米不同农艺性状的影响

洪涝对夏玉米密度、果穗长、果穗粗、株籽粒重和实产的影响较明显;对秃尖长、秃尖率和百粒重的影响不明显;对株高的影响,拔节期积水的较明显,抽雄期积水 7 天的明显,积水 3 天和 5 天的不明显。洪涝最终使产量降低。试验结果表明:夏玉米无论是在拔节期或是在抽雄期遭遇洪涝,只要积水时间在 3 天以上,产量就会减产50% 以上,其中拔节期积水 5 天、7 天的绝收,抽雄期积水 7 天的基本绝收。从夏玉米各个产量构成要素和最终产量受洪涝灾害的影响来分析,总体上,洪涝发生越早对玉米最终产量影响越重,因此早期田

间积水时更应及早排水,以使产量损失减少到最低程度。总体上看,洪涝灾害对夏玉米生长的不利影响,拔节期积水重于抽雄期积水。无论在拔节期积水或抽雄期,积水 3 天时,虽然死苗率较低,但成穗率也较低,导致成穗数不足;积水 5 天时,死苗率均在 50% 以上,成穗数有限;积水 7 天时,死苗率均超过 70%,且极少能成穗。最终反映到成穗率上看,不利影响程度依次:拔节 7 天 > 抽雄 7 天 > 拔节 5 天 > 拔节 3 天 > 抽雄 5 天 > 抽雄 3 天。从株高上看,拔节期积水影响明显,而在抽雄期积水 7 天时影响才明显表现出来。

涝渍灾害对玉米果穗影响较大,明显表现为果穗短而细。与密度、株高相似,果穗受害也是拔节期积水重于抽雄期积水。在同一生育期内积水的,果穗随着积水日期增加而影响逐渐加重,表现为积水时间越长,果穗越细、越短。不利影响程度依次:拔节 7 天 > 拔节 5 天 > 拔节 3 天 > 抽雄 7 天 > 抽雄 5 天 > 抽雄 3 天。洪涝灾害对玉米秃尖率的影响不明显,即秃尖率与洪涝灾害的关系不大,而与开花、吐丝以后天气条件的影响有关。涝渍灾害对百粒重的影响较大。但在同一个生育期内积水,基本上是积水时间越长,百粒重越低。洪涝对玉米株籽粒重的影响较明显,株籽粒重的变化比较有规律性;积水对玉米株籽粒重的影响程度依次为:拔节 7 天 > 拔节 5 天 > 抽雄 7 天 > 拔节 3 天 > 抽雄 5 天 > 抽雄 3 天。在同一生育期内,随着积水时间的增加株籽粒重相应降低。洪涝对玉米产量构成因素的综合影响效果是最终使产量降低。实际平均产量受洪涝的影响极大,全部减产 50% 以上,因此无需进行方差分析。其中拔节期积水 5 天和 7 天的绝收,抽雄期积水 7 天的也基本上绝收。洪涝对其影响程度依次为:拔节 7 天 > 拔节 5 天 > 抽雄 7 天 > 拔节 3 天 > 抽雄 5 天 > 抽雄 3 天。在同一个生育期内洪涝对实产的影响程度依次为:积水 7 天 > 积水 5 天 > 积水 3 天。

二、洪涝渍害对玉米不同生育期的影响

（一）苗期渍涝危害

玉米苗期土壤含水量达到最大持水量的90％时就会形成明显的渍害。夏玉米从播种到拔节1个月内,总降水量超过200毫米,或者旬降水量超过100毫米就会发生渍涝灾害。玉米种子吸水膨胀和主根开始伸长时对渍涝灾害最敏感。沿淮地区夏玉米播种时日平均温度 ·般在25℃左右,如果播种后遇到连阴雨很容易发生渍涝灾害,造成出苗不齐和缺苗断垄。如果发生芽涝2～4天即需要重新播种。玉米出苗以后,抗渍涝的能力逐步加强,但渍涝发生越早,其危害性就越大。

（二）中期渍涝危害

玉米拔节以后耐渍涝能力明显增强。玉米抽雄前后,适宜的土壤相对湿度为土壤最大持水量的70％～90％,土壤相对湿度大于90％时才会影响玉米的正常生长发育。若7月下旬至8月中旬的总降水量超过200毫米,或者旬降水量超过100毫米,就会发生渍涝灾害。拔节期积水5天以上,抽雄期积水7天以上,夏玉米基本绝收。玉米苗龄越小,耐渍涝的能力越弱。拔节期淹水3天,玉米植株下部2片叶片发黄、绿叶面积减少,后期部分植株死亡;淹水5天、7天的下部叶片发黄,植株枯萎且倒伏严重,大量植株枯萎死亡。拔节期淹水3天减产3/4,淹水5天以上的几乎绝收。抽雄期玉米淹水3～7天,1周后植株开始表现受害症状,下部叶片发黄枯萎,绿叶面积减少,淹水3天的无倒伏现象,淹水5天 的少量植株倒伏,淹水7天的大部分植株枯萎且倒伏较多。倒伏的植株最终大多死亡,部分没死的植株也很难成穗结实。抽雄期淹水3天减产1/2,淹水5天减产3/4,淹水7天以上几乎绝收。

（三）灌浆期渍涝危害

玉米吐丝授粉结实,开始形成籽粒并很快进入灌浆期。玉米灌

浆期要求适宜的土壤湿度,随着灌浆进程的推进土壤最大持水量由80%逐渐降至60%以下,此时遇渍涝后可明显促进气生根的发生。由于玉米根系、植株发育的完善及温度的降低,玉米耐渍涝能力较强,一般不会造成明显的减产。

第三节

洪涝渍害的防救措施

玉米渍涝灾害是影响世界玉米产量提高的重要影响因素,东南亚每年15%的玉米由于渍害减产25%～30%,中国玉米渍涝灾害,特别是西南和南方玉米丘陵区,也是影响中国玉米产量提升的重要限制因素。其主要应对措施有以下几点:

一、及时排水降涝

在玉米的生产中,为从根本上防御渍涝,应该配备基本的农田水利设施,使田间沟渠畅通,做到旱能灌、涝能排,为玉米的涝害防御奠定基础。

二、中耕培土,破除板结

为防止夏季雨水过多造成的渍涝,在玉米生产中要改变种植方式,采用凸畦田台或大垄双行种植。这种种植方式具有以下优点:一

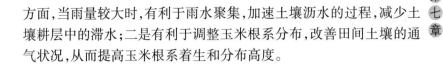

方面,当雨量较大时,有利于雨水聚集,加速土壤沥水的过程,减少土壤耕层中的滞水;二是有利于调整玉米根系分布,改善田间土壤的通气状况,从而提高玉米根系着生和分布高度。

三、增施肥料,提高土壤肥力

研究表明,在玉米栽培过程中,土壤肥力较高的地块和采取配方施肥的田块,在发生渍害时,玉米生长恢复较快,一般减产比较少。为提高玉米的耐涝性,促进玉米植株在受到渍害后迅速恢复生长,在夏玉米的种植中,若前茬作物秸秆还田,要注意增加氮肥的施用量,将 50% ~60% 的氮肥作基肥施用。当渍涝发生后,一方面及时排除渍水,尽快降低田间含水量,另一方面增施氮肥,一般每施用尿素 150 ~225 千克/公顷。传统抗旱措施一般是被动抗旱,科技含量不高;而全膜双垄沟播栽培技术则是采用垄上全地膜覆盖,该技术的推广为新农牧村建设提供了技术支撑,促进现代农牧业发展。

四、及时补种

夏玉米的苗期,植株弱,有时出现持续强降水天气,过多的降水量时常造成田间长时间积水,植株生长发育受到严重影响,根系常因缺氧而窒息坏死,对产量影响很大。此时应该及时补种玉米幼苗。

五、科学选择品种

不同玉米品种的耐渍涝能力存在较大差异。安徽农业大学和安徽省农业科学院研究认为,在玉米的生产中选用耐渍涝的品种,当发生渍涝危害时,由于抗渍涝性能较强,其减产量一般较少,且单产显著高于不耐渍涝的品种。

第八章

冰雹的危害与防救策略

本章导读： 冰雹是危害农业的主要气象之一，冰雹出现时常与短时大风和强降水同时出现，使灾情加重。本章主要介绍冰雹的成因及特点、冰雹灾害对玉米的影响以及农业生产上的防雹抗灾措施。

　　雹灾是我国的严重灾害之一,每年都给农业、建筑、通信、电力、交通以及人民生命财产带来巨大损失。冰雹在夏季或春夏之交最为常见,它是一些小如绿豆、黄豆,大似栗子、鸡蛋的冰粒,特大的冰雹比柚子还大。我国除广东、湖南、湖北、福建、江西等省区冰雹较少外,各地每年都会受到不同程度的雹灾。尤其是山区及丘陵地区,地形复杂,天气多变,冰雹多,受害重,对农业危害很大,猛烈的冰雹毁坏庄稼,损坏房屋,人畜受雹灾而致事故发生的情况也常常发生。冰雹的活动具有时间性和季节性等特征,尤其是对玉米生产的影响严重。在农业上采取的防雹措施主要有:一是在多雹地带种植牧草和树木,增加森林面积,改善地貌环境,破坏雹云条件,达到减少雹灾的目的;二是增种抗雹和恢复能力强的农作物;三是成熟的农作物要及时抢收;四是夏粮种植作物要选择早熟品种,使抽穗、开花及灌浆成熟期避开冰雹出现季节。

第一节
冰雹的成因及特点

　　冰雹是我国,尤其是河南省晚春至夏季最常见的气象灾害之一,常发生在夏粮收割、秋粮生长及拔节的重要时期,一场急剧而强烈的降雹过程,能对农业、工业、交通、通信以及城市建筑等造成严重的危害和损失,特别是在农作物快到成熟、收割的季节,突如其来的一场冰雹,可摧毁大片庄稼,给农业生产造成巨大的损失。冰雹是从发展旺盛的积雨云中,以冰球或冰块的形态降落到地面的固态降水,直径一般为 5 ~ 50 毫米,它的出现虽然范围较小、时间较短,但来势猛、强度大,并常伴有狂风暴雨,发生后会给农作物带来严重危害。

冰雹灾害对农业的影响

一、砸伤作物

冰雹对农作物首要的影响是砸伤灾害。即农作物的枝叶、茎秆、果实受到冰雹的砸伤,会因损叶、折秆、脱粒而减产。晚春降雹主要危害棉花、玉米、瓜菜等幼苗生长,冬小麦拔节孕穗以及经济果树开花坐果;夏季正是农作物生长旺季,因降雹常伴有狂风暴雨,不仅造成农作物大面积倒伏同时砸伤叶片,重者砸断茎秆;在早秋季出现的降雹主要危害玉米、西瓜、烟叶、甘薯、棉花等秋作物,有的大树也被刮倒。总之,玉米在苗期遭受冰雹危害后,可使幼苗受伤而不能正常生长,若幼苗被砸伤过重,则需重新播种而延误农事季节;玉米在灌浆成熟期遭受冰雹袭击,会直接影响并阻碍正常灌浆成熟而造成严重减产和品质变劣。

二、冷冻影响

冰雹对农作物的灾害还有冷冻影响。通常在降雹之前,常有高温闷热天气出现,而降雹后气温骤降,前后温差高达 7~10℃。剧烈的降温使正在生长的作物遭受不同程度的冷害,使被砸伤的作物伤口组织坏死,再生恢复慢,少数降雹过程伴有局部洪水灾害等。

三、表土板结

最后冰雹灾害的影响还有土壤表层板结。由于雨拍和雹块的降落,雹灾容易造成地面板结,地温下降,使根部正常的生理活动受到抑制,不利于作物根系生长和幼苗出土。特别是春夏季降雹天气过后,常有干旱天气出现,使板结层更加干硬,给农作物的生长发育带来严重影响。所以冰雹后应及时进行划锄、松土,以提高地温,促苗早发。

第三节
农业生产防灾抗灾措施

一、根据冰雹发生特点,进行雹灾防治区划研究

受灾后要迅速进入灾区做好调查核实工作,及时向政府和上级部门汇报灾情,为救灾调运、储备农资提供数据。结合气象部门对冰雹灾害的地区进行提前防治,人工降低冰雹发生的频率。普及人工防雹技术,根据冰雹发生的气候特点,提早准备布防,用炮轰击云层,把云层振散,减轻冰雹的危害。

二、根据灾情采取相应减灾措施

要摸清受灾作物品种、面积、灾情轻重程度,根据玉米不同生育

157

期的抵抗雹灾能力决定是否毁种。玉米生育前期抗雹灾能力强,生育后期弱。玉米苗期受灾,只要残留根茬,都能恢复生长,产量损失轻;玉米孕穗期受灾,砸坏叶片者,也能结实,但产量损失较大;砸断雌穗或穗节者,不能恢复结穗,应毁种。

1. 冰雹灾害之后应该查苗补缺

遭受冰雹整株打烂造成缺苗的,要及时采取苗床育苗或大田直播方式进行补苗,对没有受灾有多余玉米苗的,要及时组织秧苗余缺调剂,尽量确保满栽满种,以保证玉米生产。

2. 扶苗、舒展叶片

雹灾发生时有部分幼苗被冰雹或暴雨击倒,有的则被淹没在泥水中,容易造成幼苗窒息死亡;有的植株顶部幼嫩叶片组织受雹灾危害后往往因坏死而不能正常展开,导致新生叶片(心叶)卷曲、展开受阻,影响植株的光合作用。雹灾过后,一方面要及早将遭受冰雹危害程度小,心叶完整的倒伏或淹没在水中的灾害幼苗采取人工扶苗,使其尽快恢复生长;另一方面应及时用手将粘连、卷曲的心叶展开,以便使新生叶片及早进行光合作用。

3. 植株伤口消毒

灾后玉米植株受损伤口(特别是茎秆受损部位)容易受到细菌或真菌等病原物的侵染而引发其他病害,为防止茎秆受损部位坏死,应及时使用72%农用链霉素 3 000 倍液或5%菌毒清水剂 500 倍液整株喷雾,以减少侵染。

4. 培土和追施速效氮肥

雹灾发生时伴随暴雨,雹灾过后土壤水分过多、过湿,易导致根系缺氧,或由于土壤温度较低而不利于植株恢复生长。雹灾过后,应及早进行浅中耕松土,增强土壤通透性,促进根系生长和发育。受雹灾危害的玉米植株,由于叶片损伤严重,植株光合面积减少,光合作用微弱,植株体内有机营养不足,雹灾过后应适当喷施磷酸二氢钾或植物生长调节剂,促使植株尽快恢复生长。使用量及注意事项应根据商品具体说明确定。一般结合培土酌情追施尿素 90 ~ 150 千克/公顷,以促进后续展开的叶片能够形成较大的叶面积,保证在籽粒灌

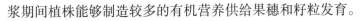

浆期间植株能够制造较多的有机营养供给果穗和籽粒发育。

5.疏通三沟,排除积水

地势较平坦的玉米地,过多的降水量往往造成田间长时间积水,土壤湿度过大,植株生长受到严重影响,根系因缺氧而窒息坏死,生活功能衰退,对产量影响很大。因此应及时疏通围沟、腰沟和厢沟,排除积水,以降低地下水位,降低田间土壤湿度。尤其是低洼地块、稻田玉米,因排水不畅,容易造成涝灾,故疏通三沟就显得更为重要。

三、及时对受灾作物实施扶苗救助

遭受雹灾后原则上尽量不要毁种。如确需毁种,要根据降雹季节、作物品种、生育期长短、生产条件等选择适宜的替代品种或救灾作物,抢时播种。如因降雹季节晚而不能保证替代品种正常成熟时,可改种其他作物。不需要毁种的,要及时排除田间积水,清除田间残枝落叶,清理泥土埋压枝叶,抖掉枝叶泥土,扶正植株,并借墒追施速效化肥,追肥数量应大于正常用量。对倒伏严重,茎叶断损严重的作物,应根据不同作物、不同生育期决定是否帮扶。即使不能帮扶的作物,也应逐棵(苗)清理,清理时要爱护茎叶,不要人为损伤茎叶或剪除破残茎叶,以免减少绿色面积,影响作物的恢复性生长。

四、加强灾后管理

玉米遭受冰雹灾害后,受灾地区应及时组织力量,根据实际灾情,因时因地制宜,分片指导,发动群众迅速采取可行措施加以补救,千方百计减少灾害损失,在摸清灾情的基础上,积极开展灾后大田管理培训。

(一)适时中耕松土,破除板结层

雹灾后地温急剧下降,另外由于土壤湿度较大,往往造成地面板结,不利于作物根系生长,是影响农作物尤其是玉米恢复生长的主要原因,故灾后应及时中耕、提温散湿,增强作物根系的活力。中耕时要深浅结合,根据作物不同生育期决定中耕深度。作物苗期要深中耕,作物旺盛生长期要浅中耕,以免损伤根系。一般情况下中耕要在两遍以上,以打破板结层,疏松土壤,促进作物的恢复性生长。

(二) 加强灾后田间管理

冰雹灾害后,作物恢复生长发育要强化田间管理工作。结合松土培土追肥,以肥水为主,结合中耕和根据玉米不同生育期需肥的特点,采用早施苗肥,中攻穗,后补粒的施肥技术,是提高玉米籽粒产量的关键措施。苗肥:在扶苗缓苗后视苗长势及早追肥,用尿素 150 ~ 225 千克/公顷在窝间深施。穗肥:在大喇叭口期用尿素 225 ~ 375 千克/公顷追肥,有条件的地区可增施复混肥 225 ~ 375 千克/公顷,在苗行两侧窝间深施于表土 5 ~ 10 厘米处,边施边覆土封口;施肥时间掌握在叶片展叶 12 ~ 13 片叶时为宜。粒肥:在吐丝期可在窝间补追尿素 75 千克/公顷深施;或用磷酸二氢钾 2 250 ~ 3 000 千克/公顷,尿素 1.5 千克/公顷,对水 375 千克叶面喷施。

玉米田地雹灾过后,还应该及时剪去玉米枯叶和被冰雹打碎的烂叶,使顶心似露未露,以促进玉米心叶生长。另外对雹灾过后出现玉米缺苗断垄的地块,可选择健壮大苗带土移栽,移栽后及时浇水、追肥,促进缓苗。

(三) 统一病虫草鼠害综合防治

以"预防为主,综合防治"为目标,根据各灾区情况,主攻大小斑病、纹枯病、锈病、玉米螟和黏虫等的防治,其他病虫可挑治或兼治,重点抓好加强病虫监测,做好分类指导等措施。在开展化学防治前要做好"两查两定"工作(查虫情、苗情,定防治对象田,查发育进度,定防治时期),根据防治指标,做好分类指导。病虫防治应以预防为主,选用高效低毒低残留农药,严格掌握农药用量,不得使用高毒高残留农药。主要重点防治的玉米病害有玉米大小斑病、玉米纹枯病、玉米锈病、玉米螟、黏虫。及时采收,当玉米籽粒达到充分成熟后,再收获,可降低籽粒含水率,增加百粒重,提高产量。此期玉米植株的苞叶干枯、松散,籽粒乳线消失,基部形成黑层、显出特有光泽,含水量在 30% 以下。

第九章

玉米倒伏危害及防救策略

本章导读： 玉米倒伏频发是严重的自然灾害，对产量影响较大。本章主要介绍玉米倒伏的类型、成因、预防倒伏及倒伏发生后的挽救措施。

　　玉米倒伏是指玉米在连续降水或灌水的情况下，土壤含水量达到饱和或过饱和状态。玉米植株吸水量大，重量增加，在风的作用下发生倾斜、茎折或根倒的现象。玉米倒伏对产量影响很大，轻度倒伏减产 10%～20%，中度倒伏减产 30%～40%，严重倒伏的地块减产50% 以上，甚至绝收。

第一节
玉米倒伏的类型及成因

一、玉米倒伏发生的时期

　　玉米倒伏发生的时期多在 7～8 月，6 月以前，玉米植株较矮，一般在 1～1.5 米，暴风雨发生的概率比较小，很少发生倒伏。7～8 月，玉米进入旺盛生长期，生长迅速，植株高大，茎秆脆弱，木质化程度低，而且暴风雨、龙卷风、冰雹等灾害性天气增多，是玉米倒伏的多发期。从立地条件看，高产地块较中低产地块容易发生倒伏，高水肥地块较一般水肥地块容易发生倒伏。

二、玉米倒伏的类型

　　玉米倒伏有茎倒、根倒和弯倒 3 种类型。

1. 茎倒（图 9－1）

　　即植株从节或节间倒伏，茎倒对玉米产量影响较大，茎倒又分茎折断和茎未折断 2 种，茎折断倒伏对产量影响最大，可造成绝收。

图 9 - 1　玉米茎倒

2. 根倒(图 9 - 2)

即玉米根露出地面,根倒多发生在大风大雨后,这类倒伏可在雨后进行扶起培土,对产量影响较小。

图 9 - 2　玉米根倒

3. 弯倒(图 9 - 3)

即植株从中上部发生弯曲,属于轻微倒伏,对产量影响较小。

图 9 - 3　玉米弯倒

三、玉米倒伏的原因

玉米倒伏的原因与品种、田间管理、气候条件等有关。

1. 玉米品种

玉米品种是倒伏的一个主要原因,不同的玉米品种抗倒伏的能力差别明显;植株过于高大、穗位高、秸秆较细、秆软、根系欠发达的品种抗倒伏的能力较差,这些品种就容易倒伏;反之,就不容易倒伏。

2. 种植形式

窄行密植的地块,种植密度过大,片面追求高密度增产,株行距过小,会引起植株拥挤,田间郁蔽光照不充足,茎秆徒长,节间细长,组织疏松,易引起茎倒或茎折。尤其是行距小于 50 厘米,亩密度大于 5 000 株的地块。

3. 田间管理

不合理的水肥管理是造成倒伏的主要栽培原因,拔节期水肥过猛,玉米生长偏旺,植株节间细长,机械组织不发达,易引起茎倒伏。抽雄前生长过旺,茎秆组织嫩弱,遇风即出现折断现象。偏施氮肥,少施磷、钾肥;拔节期大量追施氮肥,基部节间过长,植株过高,茎叶生长过于旺盛,根系生长不良,容易发生倒伏。

4.整地质量差

耕作层浅,培土少,根系入土浅,气生根不发达等,浇水后遇风或风雨交加易出现根倒。

5.根系不发达

磷肥不足,根系原生长不良,或整地质量差,根系入土浅,气生根不发达等,一旦浇水后遇风或风雨交加易出现根倒。

6.病虫危害

拔节期至抽雄期玉米螟蛀茎危害,茎秆也易引起茎折倒伏。

7.异常天气

暴风雨、龙卷风、冰雹等灾害性天气也是引起玉米倒伏的原因。2009年8月,黄淮海地区玉米生产遭遇暴风雨袭击,造成大面积玉米倒伏,其中仅河南省就有近1 000万亩玉米发生倒伏,影响产量。

第二节
玉米倒伏的防救策略

一、预防倒伏措施

1.品种选择

选用茎粗、矮秆、抗倒、丰产性好的优良品种是防止玉米倒伏的主要措施之一,是玉米丰产丰收的保证。因此,要因地制宜地选择植株高度适中,茎秆粗壮,根系发达,耐水肥能力强,穗位较低抗倒伏能力强的品种。

2. 合理密植,配方施肥

要依据品种特性和不同地力来确定相应的种植密度,根据土壤条件和品种自身要求,合理施用氮、磷、钾肥,并辅之以微肥。种植形式采用宽行密株,行宽在60厘米以上,亩留苗4 500株左右。这样有利于通风透光,对防止玉米倒伏有一定作用。根据地力确定玉米目标产量,根据目标产量和土壤供肥量,合理施用氮、磷、钾、微肥,增施有机肥,实行平衡施肥。缺钾地区要特别注意增施钾肥,以增强茎秆强度,提高茎秆抗倒伏能力。避免在拔节期一次性追施过多的氮肥;改"炮轰"施肥方式为实行叶龄施肥方式,当叶龄指数达30%前即5叶展开时,普施有机肥,全部追施磷、钾肥;当叶龄指数达30%~35%即5~6叶展开时,追肥数量占氮肥总量的60%;叶龄指数达60%~70%即12~13叶展开时,追施剩余的40%氮肥。及时中耕培土,在拔节期至大喇叭口期结合中耕进行培土,以促进次生根发育,提高植株的抗倒伏能力。

3. 注意抗旱排涝

适时排灌,玉米苗期耐旱能力较强,一般不需灌溉。但在苗弱、墒情不足或干旱严重影响幼苗生长时,应及时灌溉,但要控制水量,切勿大水漫灌。玉米穗期气温较高,植株生长旺盛,蒸腾、蒸发量大,需水多,抽雄前后是水分临界期,缺水严重时,会造成"卡脖旱"和花期不遇。抽雄前后一旦出现旱情要及时灌溉,最好采用沟灌或隔沟灌的节水增效办法。土壤水分过多、湿度过大时,会影响根系活力,导致大幅度减产。因此,遇涝要及时排除。花粒期土壤水分状况是影响根系活力、叶片功能和决定粒数、粒重的重要因素之一。因此,要视具体情况灌好2次关键水:第一次在开花至籽粒形成期,是促粒数的关键水;第二次在乳熟期,是增加粒重的关键水。

4. 合理中耕培土

穗期一般中耕1~2次。拔节至小喇叭口期应深中耕,以促进根系发育、扩大吸收范围。小喇叭口期以后,中耕宜浅,以保根蓄墒。

玉米适时培土既可促进气生根生长、提高根系活力,又可方便排水和灌溉、减轻草害。但干旱或无灌溉条件时,不宜培土。

5. 适当蹲苗

蹲苗有控上促下、前控后促、控秆促穗的作用,但应根据苗情、墒情、地力等条件灵活掌握,原则上是"蹲黑不蹲黄、蹲肥不蹲瘦、蹲湿不蹲干"。蹲苗终期一般以拔节期为界。

6. 激素调节,降低株高

大量试验结果表明,玉米穗期喷施植物生长调节剂具有明显的矮化、增产效果。种植密度比较大、有倒伏危险的地块,可在拔节以后喷施植物生长抑制剂来抑制株高,降低植株重心。应用化控技术时,要根据药剂说明书来严格掌握药剂用量和施用时间。防止发生药害,影响玉米正常生长。例如用 50% 矮壮素水剂 200 倍液,在孕穗前喷洒植株顶部,可使植株矮化、减少倒伏、减少秃顶、穗大粒满。

7. 及时防治病虫害

及时防治玉米螟、蚜虫、大斑病、小斑病等病虫害,尤其是玉米钻心虫,促使玉米生长健壮,增强抗逆性和抗倒伏能力。

(1)大斑病、小斑病　①选用抗病品种;②轮作倒茬深翻、彻底清除田间病残体,减少初侵染源;③发病初期,打掉下部病叶,减轻发病程度;④适期早播,加强肥水管理,避开发病时期,提高抗病力;⑤发病期用 40% 克瘟散乳剂 500～1 000 倍液、50% 退菌特可湿性粉剂或甲基托布津 800 倍液进行喷雾。必要时隔 7 天左右,再次喷药防治。

(2)玉米螟　①选用抗虫品种;②越冬期防治,减少越冬虫口基数;③心叶期防治,用 3% 辛硫磷或呋喃丹颗粒剂每亩 2 千克对 5 倍细沙,撒在玉米心叶。也可用 80% 敌敌畏 2 500～3 000 倍液,每株玉米灌 10～15 毫升防治;④穗期防治,用 50% 敌敌畏乳剂 0.5 千克,加水 500～600 升,在雌穗苞顶开一小孔,注入少量药液防治;⑤生物防治,在玉米螟产卵的始期、盛期、末期分别放蜂,亩放蜂 1 万～3 万头,设 2～4 个放蜂点防治。另外还可利用微生物农药杀螟杆菌、白僵菌等进行防治。

(3)蚜虫　①用 40% 氧化乐果 3 000 倍液喷雾;或用 50% 抗蚜

威 15~20 克对水 50~75 千克喷雾。也可用 40% 氧化乐果乳剂 1 千克加水 5~6 千克,用毛笔或棉花球蘸药涂抹被害玉米的茎基部,通过内吸杀虫。②利用天敌蚜茧蜂防治。

二、倒伏发生后的挽救措施

玉米发生倒伏后,要根据不同情况采取不同的管理措施。

(一)针对不同时期倒伏

1. 拔节前后的倒伏

因植株自身有恢复直立能力,不影响将来正常授粉,可以不用人工扶起。

2. 抽雄授粉前后的倒伏

此时植株高大,倒后株间相互叠压,难以恢复直立,不仅直接影响正常授粉,还影响到光合作用进行,必须人工扶起,扶起时要早、慢、轻,结合培土进行。

(二)针对不同类型倒伏

1. 根倒

发生根倒的地块,在雨后应该尽快人工扶直植株并进行培土。重新将植株固定。

2. 弯倒

发生弯倒的地块,要抖落植株上的雨水,以减轻植株压力,待天晴后让植株恢复直立生长。

3. 茎倒

发生茎倒的地块,要根据发生程度来区别对待,茎秆折断情况比较严重的地块,将玉米植株割除作为青饲料,然后再补种晚田作物;茎秆折断比例较小的地块,可将茎秆折断的植株尽早割除。

第十章

玉米缺素症状的诊断及防治

本章导读: 养分供给是玉米高产的重要基础,营养缺失会导致玉米产量下降。本章主要介绍缺氮、磷、钾及其他中微量元素的特征,分析缺素原因并提出防治措施。

作物体内各种营养元素有一个合适的界限,过剩或缺乏均能引起生育不良,甚至发生生理病害。植株营养状况可以从生态上或生理上进行诊断,即称为营养诊断。

第一节

玉米缺氮的诊断及防治

一、症状

玉米需氮量较多,缺氮时苗期生长缓慢,植株矮小,叶片呈黄绿色(图10-1)。氮是可移动元素,所以叶片发黄是从植株下部的老叶片开始,首先叶尖发黄,逐渐沿中脉向叶片基部枯黄,叶边缘仍保持绿色,但呈卷曲状,当整个叶片都褪绿变黄后,叶鞘则变成红色,不久整个叶片变成黄褐色而枯死。此时,植株中部叶片呈淡绿色,上部细嫩叶片仍呈绿色。如果玉米生长后期仍不能吸收到足够的氮,其抽穗期将延迟,雌穗将不能正常发育,导致严重减产。

缺氮　　　　　　完全肥料

图10-1　玉米缺氮

二、原因

☞ 土壤肥力降低,土壤自身供给作物氮素的能力下降。

☞ 土壤保肥能力降低,施入的氮素容易流失。

☞ 玉米喜欢吸收硝态氮,氨可被土壤胶体吸附,但硝酸不能被吸附,而溶于土壤溶液中。因此,硝态氮肥易随雨水、灌溉水流失。

☞ 施肥管理不科学。氮肥的施用量少,肥料品种选用不合理,肥料品质差,施肥时期及施肥方式不合理等,都会引起玉米缺氮。

☞ 田间管理不科学。种植密度过大,杂草病虫害等因素严重影响玉米生长发育,从而间接影响其对氮素的吸收利用。

☞ 微生物争夺土壤中的氮素。近年来,随着施肥量的增多,缺氮现象已经减少。然而,联合收割机和省力栽培方式的采用,导致生秸秆、未熟树皮堆肥以及锯屑、牛粪等大量投入农田。将未腐熟有机物施于土壤中,就会给土壤微生物提供丰富的碳源,促使微生物繁殖旺盛,从而夺走土壤中的无机态氮。

三、防治措施

☞ 培肥地力,提高土壤供氮能力。对于新开垦的、熟化程度低的、有机质贫乏的土壤及质地较轻的土壤,要增加有机肥料的投入,培肥地力,以提高土壤的保氮和供氮能力,防止缺氮症的发生。

☞ 在大量施用碳氮比高的有机肥料(如秸秆)时,应注意配施速效氮肥。

☞ 在翻耕整地时,配施一定量的速效氮肥作基肥。

☞ 对地力不均引起的缺氮症,要及时追施速效氮肥。

☞ 必要时喷施叶面肥(0.2%尿素)。

第二节

玉米缺磷的诊断及防治

一、症状

玉米缺磷(图 10 - 2),苗期生长缓慢,最突出的特征是叶尖和叶缘呈紫红色,其余部分呈绿色或灰绿色,叶边缘卷曲,茎秆细弱。随着植株生长,紫红色会逐渐消失,下部叶片变成黄色。有一点需要注

图 10 - 2　玉米缺磷

意,有极少数杂交种的幼苗,即使不缺磷时也呈紫红色;还有个别杂交种就是在缺磷的情况下,其幼苗也不表现紫红色症状,但缺磷植株明显低于正常植株。诊断时,要结合品种特性。玉米缺磷还会影响授粉与灌浆,导致果穗短小、弯曲、严重秃尖,籽粒排列不整齐、瘪粒多,成熟慢。

二、原因

1. 土壤

土壤有效磷缺乏是基本条件,有效磷与有机质含量呈正相关,有机质贫乏土壤易缺磷。

2. 低温

生产上遇到春寒或冷浸田易发生缺磷症。同一田块早播玉米容易缺磷,而夏播不易发生缺磷。

三、防治措施

对缺磷的土壤(速效磷 10 毫克/千克以下为极缺磷,10～20 毫克/千克为中度缺磷)增施农家肥或磷肥,可预防缺磷症。农家肥、钙镁磷肥或磷矿粉可撒施,重过磷酸钙和磷酸二铵可条施,一般每公顷施纯磷 75～150 千克。苗期易缺磷的地块,可用磷酸二铵等水溶性磷肥作种肥,每公顷施纯磷 30～45 千克,在播种前将磷肥条施在播种沟中,注意种子与肥料要隔离开。玉米营养生长期间缺磷,可叶面喷施过磷酸钙、重过磷酸钙或磷酸二铵,浓度为 1%～2%,也可以在植株旁边开沟追施磷肥,但效果不及叶面喷施。

第三节
玉米缺钾的诊断及防治

一、症状

钾肥能促进玉米茎秆表皮内硅质化的厚壁细胞的生长,形成良好的机械组织,使茎秆坚韧,提高抗倒能力。钾肥能使细胞内原生质性降低,细胞的保水力增强,提高抗旱性。玉米缺钾,幼苗表现发育缓慢,叶色淡绿且带绿色条纹(图10-3)。老叶中的钾转移到新生组织中,叶尖和边缘坏死,呈干枯烧灼状。但叶片中脉仍保持绿色。如果严重缺钾,植株生长矮小,节间缩短,果穗发育不良,顶端特别尖细,秃顶严重,籽粒淀粉含量减少,千粒重降低。阻碍养分运向根部,使根系发育不良,出现早衰现象,并易感茎腐病或倒状。

图10-3 玉米缺钾

二、原因

☞ 单施氮肥或施氮肥过多,而钾肥不足,易发生缺钾症。

☞ 质量偏轻的河流冲积物及石灰岩、红砂岩风化物形成的土壤易缺钾。

☞ 排水不良、土壤还原性强,根系活力降低,对钾的吸收受阻。

☞ 土壤速效钾和缓效钾含量长期低时,容易导致玉米缺钾。

☞ 前茬作物耗钾量大,土壤有效钾亏缺严重。

三、防治措施

播前增施硫酸钾、氯化钾或含钾复合肥,作基肥撒在玉米种植行的两侧,一般每公顷用纯钾 75 ~ 150 千克。施农家肥或秸秆还田是最好的措施,各地区应根据实际情况采用。玉米营养生长期间发现缺钾时,可追施硫酸钾或氯化钾,一般每公顷 45 ~ 75 千克。

第四节
玉米缺中微量元素的诊断及防治

一、缺锌

1. 玉米缺锌症状

玉米缺锌(图10-4),出苗后10天左右就有叶片失绿现象,即"白芽"病。3~6片叶时更为明显,新生幼叶脉间失绿,呈淡黄色或黄白色,叶片基部发白,俗称"白苗"病。以后可以观察到老龄叶片脉间有失绿条纹,在主脉和叶缘之间形成较宽的黄色至黄白色带状失绿区,严重时以棕褐色大条斑状枯死;生长受阻,节间变短,植株矮小,结实少,秃尖缺粒,严重减产。

图10-4 玉米缺锌

2.玉米缺锌发生的原因

（1）土壤有效锌含量低　沙壤土物理性黏粒少于20%,有机质含量至多在1%,保水保肥能力较差。

（2）土壤固定作用　经检测,土壤pH值多在6.5~8.0。土壤中锌要以氢氧化物、碳酸盐、络合物状态存在。尤其氢氧化锌和碳酸锌是难溶化合物,固定作用很强,有效性很低,不能满足玉米生长需要。

（3）磷和锌的拮抗作用　过量施用磷肥可导致玉米缺锌。有实验证明,不施磷肥的植株样本,锌的浓度随供锌水平的提高而增加,而施用高量磷肥的,锌的浓度相应降低。这说明磷肥在某种程度上限制玉米对锌的利用,引发玉米缺锌。事实上,发生玉米缺锌的田块,都有大量施入磷肥或含磷肥料的记录。

3.防治玉米缺锌的措施

（1）施锌肥　常用的锌肥有硫酸锌、氧化锌等。施用方法:作基肥或追肥,一般用量为11.25~22.5克/公顷硫酸锌,可与酸性氮肥混合施用;浸种,硫酸锌浓度为0.1%~0.2%;根外喷施,幼苗期硫酸锌浓度为0.01%~0.05%,后期叶面喷施浓度为0.1%~0.2%;拌种用量为500克种子1~3克硫酸锌。值得注意的是锌肥不能和磷肥混合使用。

（2）科学施用磷肥　磷肥穴施、条施,即集中施用,可减少与土壤的接触面积,既能提高磷肥利用率,又能降低磷与锌发生化学作用的概率,有利于发挥锌肥及土壤中锌的作用。含磷肥料还可与农肥混合施用。磷肥诱发玉米缺锌的诊断指标,一般认为植株体内的磷/锌比大于300时,会发生玉米缺锌症。

（3）增施农肥　农肥含有大量的有机态锌,而且有效性好,肥效期长。增施农肥,能够满足玉米生长对锌的需要,同时,也能改善土壤理化性质,促使土壤中锌的有效释放。实践证明,每公顷施150 000~450 000千克农肥可以消除玉米缺锌症发生。

二、其他

1. 缺钼

老叶片叶脉间失绿变黄,叶缘焦枯向内卷曲,籽粒皱缩。此时可用 0.15% ~0.2% 钼酸铵溶液进行叶面喷施。

2. 缺铁

新生叶片叶脉失绿黄化,叶脉保持绿色而呈明显的条纹状,茎秆和叶鞘呈紫红色。此时用 0.2% ~0.3% 硫酸亚铁溶液叶面喷施,可喷 3 次,每次间隔 5~7 天。

3. 缺硼

幼叶展不开且发白,逐渐枯萎死亡,老叶叶脉间有白色条纹,植株矮小、瘦弱。此时可亩用硼砂 85 克或硼酸 50~60 克对水 60 千克进行叶面喷施,可喷 3 次,每次间隔 5~7 天。

4. 缺锰

症状常从新叶开始,幼叶变黄,叶脉间有绿色斑点,叶片柔软下披且根系细长而白。此时可用 0.2% 硫酸锰溶液进行叶面喷施 2~3 次,每次间隔 7~10 天。

5. 缺铜

植株生长缓慢、矮小,顶端枯死后形成丛生,叶色灰黄或红黄有白色斑点,果穗发育差。可亩追施硫酸铜 1 千克或用 0.2% 硫酸铜溶液进行叶面喷施。

附录:作物缺素歌

作物营养要平衡,营养失衡把病生,病症发生早诊断,准确判断好矫正。

缺素判断并不难,根茎叶花细观察,简单介绍供参考,结合土测很重要。

缺氮抑制苗生长，老叶先黄新叶薄，根小茎细多木质，花迟果落不正常。

缺磷株小分蘖少，新叶暗绿老叶紫，主根软弱侧根稀，花少果迟种粒小。

缺钾株矮生长慢，老叶尖缘卷枯焦，根系易烂茎纤细，种果畸形不饱满。

缺锌节短株矮小，新叶黄白肉变薄，棉花叶缘上翘起，桃梨小叶或簇叶。

缺硼顶叶皱缩卷，腋芽丛生花蕾落，块根空心根尖死，花而不实最典型。

缺钼株矮幼叶黄，老叶肉厚卷下方，豆类枝稀根瘤少，小麦迟迟不灌浆。

缺锰失绿株变形，幼叶黄白褐斑生，茎弱黄老多木质，花果稀少重量轻。

缺钙未老株先衰，幼叶边黄卷枯粘，根尖细脆腐烂死，茄果烂脐株萎蔫。

缺镁后期植株黄，老叶脉间变褐亡，花色苍白受抑制，根茎生长不正常。

缺硫幼叶先变黄，叶尖焦枯茎基红，根系暗褐白根少，成熟迟缓结实稀。

缺铁失绿先顶端，果树林木最严重，幼叶脉间先黄化，全叶变白难矫正。

缺铜变形株发黄，禾谷叶黄幼尖蔫，根茎不良树冒胶，抽穗困难芒不全。

第十一章

玉米主要病虫危害与防治策略

本章导读：玉米生长过程中有很多病、虫都可能对玉米造成危害，致使严重减产。本章介绍了玉米主要病、虫的识别、危害、传播途径与防治策略。

玉米丝黑穗

玉米粗缩病

玉米锈病

玉米茎腐病

玉米茎粘病

玉米是我国重要的农作物,每年仅病虫害造成的产量损失,占玉米总产量的 7% ~ 10%。通过准确测报,综合运用农业栽培和耕作措施,选择抗性品种和高效、低毒、专用农药,适时精准防治,提高防治效果;根据田间调查及往年虫情,结合天气、苗情,做出准确预测预报;采用合理的预防措施;通过农业栽培措施提高玉米抗性;通过耕作措施减低病原菌和害虫基数及其发生的可能性;利用非农药技术控制病虫害,注重保护和利用自然天敌控制害虫数量,摒弃"见虫打药"的思想。

第一节
玉米主要病害与防治策略

一、玉米小斑病（图 11 – 1）

玉米小斑病,又称玉米斑点病、玉米南方叶枯病。是中国玉米产

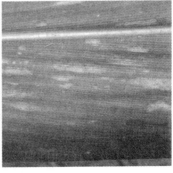

图 11 – 1　玉米小斑病病症

区重要病害之一,在黄河和长江流域的温暖潮湿地区发生普遍而严重。大流行的年份可造成产量的重大损失,一般减产 15% ~20%,严重的达 50% 以上,甚至无收。

(一)病原与病症

玉米小斑病病原为玉蜀黍平脐蠕孢,属半知菌亚门真菌,有性态物为异旋孢腔菌。它是由半知菌亚门丝孢纲丝孢目长蠕孢菌侵染所引起的一种真菌病害,寄主是玉米。在玉米苗期到成熟期均可发生,以玉米抽雄后发病最重。主要危害叶片,但叶鞘、苞叶和果穗也能受害。叶片上病斑小,但病斑数量多。初为水浸状,以后变为黄褐色或红褐色,边缘颜色较深,椭圆形、圆形或长圆形,大小(5~10)毫米×(3~4)毫米,病斑密集时常互相连接成片,形成较大型枯斑。多雨潮湿天气,有时在病斑上可看到黑褐色霉层,但一般不易见到,可采用保湿法诱发产孢。多从植株下部叶片先发病,向上蔓延、扩展。叶片病斑形状,因品种抗性不同,有 3 种类型:①不规则椭圆形病斑,或受叶脉限制表现为近长方形,有较明显的紫褐色或深褐色边缘。这是最常见的一种感病病斑型。②椭圆形或纺锤形病斑,扩展不受叶脉限制,病斑较大,灰褐色或黄褐色,无明显、深色边缘,病斑上有时出现轮纹。也属感病病斑型。③黄褐色坏死小斑点,基本不扩大,周围有明显的黄绿色晕圈,此为抗性病斑。高温潮湿天气,前两种病斑周围或两端可出现暗绿色浸润区,幼苗上尤其明显,病叶萎蔫枯死快,叫"萎蔫性病斑";后一种病斑,当数量多时也连接成片,使病叶变黄枯死,但不表现萎蔫状,叫"坏死性病斑"。T 型雄性不育系玉米被小斑病菌 T 小种侵染后,叶片、叶鞘、苞叶上均可受害,病斑较大,叶片上的病斑大小(10~20)毫米×(5~10)毫米,苞叶上为直径 2 厘米的大型圆斑、黄褐色、边缘红褐色,周围有明显的中毒圈,病斑上霉层较明显。T 小种病菌可侵染果穗,引起穗腐,是与小斑病菌小种的主要区别。

(二)发生规律与条件

1. 发生规律

病原菌以菌丝体或分生孢子在病残体上越冬或分生孢子在田间

的病残体、含有未腐烂的病残体的粪肥及种子上越冬。越冬病菌的存活数量与越冬环境有关。除 T 小种可由种子传带外,一般种子带菌对病害传播不起作用。小斑病菌的分生孢子越冬前和在越冬过程中,细胞原生质逐渐浓缩,形成抗逆力很强的厚垣孢子,每个分生孢子可形成 1~6 个厚垣孢子,因此越冬的厚垣孢子也是大斑病菌初侵染来源之一。越冬病组织里的菌丝在适宜的温度、湿度条件下产生分生孢子,借风雨、气流传播到玉米的叶片上,在最适宜条件下可萌发,从表皮细胞直接侵入,少数从气孔侵入,叶片正反面均可侵入,整个侵入过程大斑病菌在 23~25℃、6~12 小时,小斑病菌 24 小时即可完成,侵入后 5~7 天可形成典型的病斑。在湿润的条件下,病斑上产生大量的分生孢子,随风雨、气流传播进行再侵染。在玉米生长期可以发生多次再侵染。特别是在春夏玉米混作区,春玉米为夏玉米提供更多的菌源,再侵染的频率更为频繁,往往会加重病害流行程度。

玉米小斑病的发生与流行,除与发病的夏玉米品种有关外,病菌的越冬菌源及在玉米生育期间菌量积累的速度也是重要的因素。

2. 气候条件

小斑病发生轻重关键是受温度、湿度、降水量等气候因素的影响。尤其是 5~10 月,月平均温都在 25℃ 以上,水湿条件充足时,小斑病常流行。该病喜高温高湿,在 15~20℃ 时发展很慢,20℃ 以上时逐渐加快,所以如果 5 月气温比常年高,雨水多,雾浓露重,菌量有所积累,小斑病可能提早流行。如果在 7~8 月,雨日、雨量、露日、露量多的年份和地区,小斑病发生重。

3. 栽培条件

低洼地、过于密植阴蔽地、连作田发病较重;玉米连作地病重,轮作地病轻;过密种植和单作病重,与矮秆作物间作套种病轻;夏玉米比春玉米发病重。合理间作套种,能改变田间小气候,利于通风透光,降低行间湿度,有利于玉米生长,增强抗病力,不利于病菌侵染。

(三)防治措施

玉米小斑病的防治应采取以种植抗病品种为主,科学布局品种,减少病菌来源,增施农家肥,适期早播,合理密植等综合防治技术措施。

1.选择抗病品种

在查明当地致病小种组成的基础上,选用多种抗病、优质和高产的品种或杂交种和多类型的细胞质雄性不育系,有针对性地配置和轮换,切忌大面积单一化推广种植抗病品种。抗病自交系有:330、Mo17、E28、黄早、回丹等;杂交种有:H84、C103、凤白29、忌惮101等。在选育和利用抗病品种时应注意:重视品种对大斑病的水平抗性和一般抗性及小斑病的核基因抗性的利用,充分利用中国的抗大、小斑病的资源;密切注意大斑病、小斑病生理小种的分布和变化动态,根据生理小种动态变化合理布局抗病品种,对大斑病慎重利用单基因的抗病品种,小斑病慎重利用细胞质抗性;种植抗病品种时应结合优良栽培技术,才能充分发挥其潜在的抗病性能;不同抗病基因的品种要定期轮换,避免抗性遗传和细胞质单一化,防止高致病性的小种出现。

2.加强栽培管理

(1)清洁田园 田间病株残体上潜伏或附着的病菌是玉米小斑病的主要初侵染来源,因此玉米收获后应彻底清除残株病叶,及时翻耕土地埋压病残体,是减少初侵染源的有效措施。

(2)适期早播 适期早播可以缩短后期处于有利于发病的生育时期,对于玉米避病和增产有较明显的作用。

(3)增施基肥 氮、磷、钾合理配合施用,及时进行追肥,尤其是避免拔节期和抽穗期脱肥,保证植株健壮生长,具有明显的防病增产作用。大、小斑病菌为弱寄生菌,玉米生长衰弱,抗病力下降,易被侵染发病。玉米拔节至开花期,正值植株旺盛生长和雌雄穗形成,对营养特别是氮素营养的需求量很大,占整个生育期需氮量的60% ~ 70% 。此时如果营养跟不上,造成后期脱肥,将使玉米抗病力明显下降。

(4)实施良种良法配套技术措施 提高植株抗病能力,可起到控制或减轻发病和提高产量的作用。

3. 药剂防治

玉米植株高大,田间作业困难,不易进行药剂防治,但适时药剂防治来保护价值较高的自交系或制种田玉米、高产试验田及特用玉米是病害综合防治不可缺少的重要环节。常用的药剂有:50% 多菌灵、75% 百菌清、25% 粉锈宁、70% 代森锰锌、10% 世高、50% 扑海因、40% 福星、50% 菌核净、12.5% 特普唑和45% 大生等。从心叶末期到抽雄期,施药期间隔 7～10 天,共喷 2～3 次,用量为 100 千克/亩药液。

此外,在发病初期还可喷 50% 好速净可湿性粉剂 1 000 倍液,或 80% 速克净可湿性粉剂 1 000 倍液,或 75% 百菌清可湿性粉剂 800 倍液,或 70% 甲基硫菌灵可湿性粉剂 600 倍液,或 25% 苯菌灵 EC 800 倍液,或 50% 多菌灵可湿性粉剂 600 倍液。隔 7～10 天喷 1 次,连续 2～3 次,有较好的防治效果。

4. 利用植物源杀菌剂防治

在防治玉米小斑病时,可以采用植物源杀菌剂。植物源杀菌剂是利用植物中含有的某些抗菌物质或诱导产生的植物防卫素,杀死或有效地抑制病原菌的生长繁殖。当然,这些用于农作物的植物源杀菌剂必须对人体以及动物等都是没有危害的,即无毒、无害。植物体内的抗菌化合物是植物体产生的多种具有抗菌能力的次生代谢产物,其数量已超过 40 万种。在中国有着丰富的植物及中药资源,是植物源农药的理想来源。目前已有研究充分证明:以中药作为防治植物病害是完全可行的。针对玉米小斑病的植物源杀菌剂还处于研发阶段,如有白头翁、黄花蒿、藿香、忍冬、知母、大黄等,这些植物的提取液都有一定程度的抑菌效果。

二、玉米大斑病（图 11 - 2）

玉米大斑病又名玉米条斑病、玉米叶枯病,主要侵害玉米的苞叶、叶鞘和叶片,以叶片受害最重。感病植株常常成片枯死,使玉米灌浆不饱和,一般年份减产5%,感病品种减产20%以上。

图11-2 玉米大斑病病症

(一)病原与病症

玉米大斑病病原菌为大斑病长蠕孢菌,属半知菌亚门。分生孢子梗多由病斑上的气孔抽出,单生或2~6枝束生,不分枝,榄褐色;分生孢子着生在分生孢子梗顶端,一或几个,淡榄褐色,梭形,多数正直,少数向一边微弯。分生孢子在越冬期间能形成厚壁孢子。玉米整个生育期皆可发生大斑病,但在自然条件下,苗期很少发病,到玉米生长中后期,特别是抽穗以后发病较重。该病主要危害叶片,严重时也能危害苞叶和叶鞘。其最明显的特征是在叶片上形成大型的梭状病斑,病斑初期为灰绿色或水浸状的小斑点,几天后病斑沿叶脉迅速扩大。病斑的大小、形状、颜色及反应因品种抗病性不同而不同。在叶上的病斑类型因品种的抗性基因不同而分成2类,一般在具有Ht基因型的玉米品种上产生褪绿型病斑,在不具Ht基因型的玉米品种上产生萎蔫型病斑。植株感病后先从底部叶片表现症状,逐渐向上扩展蔓延,病斑呈青灰色梭形大斑,边缘界限不明显。病斑多时常相互连接成不规则形,长度可达50~60厘米。病害流行年份可使叶片迅速青枯,植株早死,导致玉米雌穗秃尖,籽粒发黑,千粒重下降,其产量和品质都会受到影响。

（二）发生规律与条件

玉米大斑病为真菌病害,病菌以菌丝体潜伏在病株残体上或以分生孢子附着在病株残体上越冬,第二年生长季节在病株残体上产生分生孢子,并随雨水飞溅或气流传播到叶片上进行侵染,引起发病。田间传播发病的初侵染菌源主要来自玉米秸秆上越冬病组织重新产生的分生孢子。一般 20~25℃、相对湿度 90% 以上有利于孢子萌发、侵染和形成。6~8 月气温多在 15~28℃,而且雨量和雨日也比较集中,这为玉米大斑病病菌孢子的形成、萌发和侵染提供了有利条件。因此,6~8 月是玉米大斑病发生、扩展危害的季节,在种植感病品种的情况下,遇多雨年份常流行成灾,造成严重损失。

（三）防治措施

1. 选用抗病品种

加强预测预报,选择丰产性好、抗逆性强、抗病性强的玉米品种是预防大斑病的首要因素。并注意品种的合理搭配与轮换,避免品种单一化,以控制和稳定生理小种的组成。根据发病期的湿度、雨量、雨日、田间病情以及历年有关资料、短期天气预报做短期或中长期测报。

2. 减少菌源

避免玉米连作,实行与其他作物轮作或间套种;秋季深翻土壤,消除病残体,减少病残体组织上的大斑病菌。摘除底部病叶,清除田间病残体,并集中烧毁或深埋病源,以消灭侵染来源。玉米收获后,清洁田园,将秸秆集中处理,经高温发酵用作堆肥。

3. 加强田间管理

降低田间相对湿度,摘除底部 2~3 片叶,使植株健壮,做好中耕除草培土工作,实施宽窄行种植,改善通风透光条件。玉米从营养生长转到生殖生长的发育时期对营养吸收量大,特别对氮素营养吸收量更大,此时若营养跟不上易出现脱肥现象,导致大斑病的侵染。因此,根据地力和玉米的吸肥规律,施足底肥,适期、适量分期追肥,保证玉米生育全期的营养供应,提高玉米植株抗病性。

4. 化学防治

化学防治时,可选用 50% 多菌灵可湿性粉剂 500 倍液,或 10% 苯丙甲环唑水分散粒剂 1 000 倍液,或 80% 代森锰锌可湿性粉剂 500 倍液,或 25% 丙环唑乳油 1 000 倍液进行喷雾处理,每隔 7 ~ 10 天喷 1 次,连续 2 ~ 3 次。

三、玉米丝黑穗病（图 11 - 3）

玉米丝黑穗病又名乌米、黑疸,是玉米生产上的重要病害之一。

图 11 - 3　玉米丝黑穗病病症

（一）病原与病症

玉米丝黑穗病是土传病害,土壤带菌和混有病残组织的粪肥是其主要侵染源。种子表面带菌虽可传病,但侵染率极低,是远距离传播的侵染源。病原菌是丝轴黑粉菌。病菌以冬孢子散落在土壤中、混入粪肥里或黏附在种子表面越冬,冬孢子在土壤中能存活 3~4 年。病菌冬孢子萌发不需经过生理后熟,但用金刚砂预处理菌粉,破坏冬孢子壁,能使萌发率和萌发速度明显提高。丝黑穗病菌侵染玉米的部位,国外报道为主要通过根茎和幼苗根部侵入玉米(A1-Sohaily,1980)。国内马秉元等(1978)报道,胚芽鞘侵染高于中胚轴。朱有钅丁等(1984)认为,侵染以胚芽为主,根为次要。

感染丝黑穗病的幼苗在第四叶和第五叶片上沿中脉出现褪绿斑点,呈圆形或长方形,直径 1~2 毫米,数目在 3 至数百个。有的感病幼苗表现矮缩丛生、黄条形、顶叶扭曲等特异症状。成株期只在果穗和雄穗上表现典型症状。当雄穗的侵染只限于个别小穗时,表现为枝状;当整个雄穗被侵染时,表现为叶状。雄穗可形成病瘿,病瘿内充满孢子堆。有病瘿雄穗的植株会严重矮化,叶片上产生细条状孢子堆,受害植株不产生花粉。如果雌穗感染,则不吐花丝,除苞叶外整个果穗变成黑粉苞。在生育后期有些苞叶破裂散出黑粉孢子,黑粉黏结成块,不易飞散,内部夹杂丝状寄主维管束组织,这是丝黑穗病菌的典型特征。

(二) 发生规律与条件

玉米丝黑穗病是幼苗系统侵染的土传病害,只有初侵染,无再侵染。病菌主要以冬孢子在土壤、粪肥或附在种子表面越冬,成为翌年的初侵染来源,牲畜取食的病菌冬孢子经消化道消化后仍具有侵染能力。

冬孢子萌发产生的双核菌丝侵入寄主幼苗生长锥,完成侵染过程,以侵染胚芽为主,根部侵染次之。康绍兰等(1995)证明冬孢子还可以从叶片侵入,引起局部黄斑症状,病菌在寄主的组织间或细胞内扩展,接种后 50 天就可以在寄主组织内形成冬孢子。冬孢子侵染玉米的适宜温度为 21~28℃,需较低或中等的土壤含水量,土壤缺氮时易发病。冬孢子能否顺利完成侵染则取决于寄主植物的抗性、土壤中的孢子数量、侵染时期的温度和土壤湿度。玉米从种子萌发到 5 叶期都可以侵染发病,但最适宜的时期是从种子萌发到 1 叶期,到 8 叶或 9 叶期不易侵染发病。因此,玉米适期播种,使幼苗加快生长,就可避开侵染时期。

(三)防治措施

1. 选育抗病品种

选用抗病品种是防治玉米丝黑穗病的基础和关键。农民购买玉米种子时,一定要到经营手续齐全的种子商店购买,不要盲目听从虚假广告的宣传,最好多调查了解种子方面的情况,以免上当。

2. 种衣剂拌种

采用种衣剂处理种子对玉米丝黑穗病有很好的防效。可选用17%三唑醇拌种剂或25%三唑酮(粉锈宁)可湿性粉剂按种子重量的0.3%拌种,或用25%多菌灵按种子重量的0.5%拌种,也可用12.5%烯唑醇可湿性粉剂(速保利)或用2%戊唑醇湿拌种剂(立克秀)按种子重量的0.2%拌种。15%黑戈玉米种衣剂、16%乌米净种衣剂、20%克福中字牌爱米乐种衣剂等对玉米丝黑穗病都有很好的防治效果。

3. 加强栽培管理

(1)合理轮作 避免连作是减少田间菌源、减轻发病的有效措施,从长远来看,应积极调整种植计划,做到合理布局和合理轮作。从理论上讲,轮作3年以上才能达到防病的需要,但轮作1~2年也可明显减少损失。对发病严重的地块必须进行轮作倒茬,可与大豆、高粱、薯类等实行轮作。

(2)适期播种 要根据土壤温度和土壤墒情,适时播种。春季气温偏高,降水多,土壤墒情好,播种期可相对延迟。如2007年河南省春季气温偏高,降水多,播种多在4月25日至5月1日,出苗快、苗全、苗壮、病菌侵染机会少,所以发病轻。温度偏低,播种早,玉米粉子严重,不能保证出苗率,或春季干旱,幼苗出土时间长,苗势差,病原菌与胚芽鞘接触时间长,都会导致玉米丝黑穗病的发生。

(3)拔除病苗和病株 根据玉米丝黑穗病苗期的典型症状,结合田间除草及时铲除病苗、怪苗、可疑苗。在玉米生育中后期,当病害形成黑粉瘤尚未破裂时,要及时摘掉病瘤或连株割除,带到田外深埋处理,减少病菌数量,降低发病率。

（4）施用腐熟厩肥　含有病残体的厩肥或堆肥,必须充分腐熟后才可施用,最好不要在玉米地施用,以防止病菌随粪肥传入田内。

4. 药剂防治

土传病害种子处理显得尤为重要。任金平等(1994)认为,采用种子包衣技术是防治种传、土传病害和苗期病害的最佳措施,防治效果为85.1%～90.4%,增加保苗10%以上,对植株生长具有显著的促进作用。由于该病侵染期长,而且带菌土壤是其主要侵染来源,因此药剂处理种子防效不是很稳定。三唑类杀菌剂的出现使玉米丝黑穗病的药剂防治取得了新进展,大面积防治防效可稳定在60%～70%,有的甚至能达到80%～90%。但三唑类杀菌剂在低温多雨等不良环境下容易产生药害,应慎重使用。

最初的三唑类杀菌剂单独干拌或湿拌发展成现在将三唑类杀菌剂与杀虫剂、其他杀菌剂、微肥等混在一起组配成种衣剂处理种子,可降低三唑类农药的使用量,同时可兼治丝黑穗病、地下害虫和缺素症等,起到兼防病虫及增产作用。

四、玉米纹枯病（图 11-4）

（一）发病症状

玉米纹枯病由立枯丝核菌侵染引起,除危害玉米外,还侵染水稻、小麦、高粱等多种禾本科作物,在玉米上主要危害玉米的叶鞘、果穗和茎秆。在叶鞘和果穗苞叶上的病斑为圆形或不规则形,淡褐色,水渍状,病、健部界线模糊,病斑连片愈合成较大型云纹斑块,中部为淡土黄色或枯草白色、边缘褐色,湿度大时发病部位可见到茂盛的菌丝体,后结成白色小绒球,逐渐变成褐色的、大小不一的菌核。有时在茎基部数节出现明显的云纹状病斑。病株茎秆松软,组织解体。果穗苞叶上的云纹状病斑也很明显,造成果穗干缩、腐败。

（二）发病规律

玉米纹枯病以菌核在土壤中越冬,第二年侵染玉米,先在玉米茎

191

图 11 - 4　玉米纹枯病病症

基部叶鞘上发病,逐渐向上和向四周发展,一般在玉米拔节期开始发病,抽雄期病情发展快,吐丝灌浆期受害重。玉米连茬种植田块、土壤中积累的菌源量大,发病重;在高肥水条件下,玉米生长旺盛,加之种植密度过大,增加了田间湿度,通风透光不良,容易诱发病害;倒伏玉米使病株、健株接触,为病害传染扩散创造了有利条件,使病情加重。7~8月,降水次数多,降水量大,易诱发病害。

(三) 防治措施

1. 品种选择

种植抗病品种。

2. 农业防治

合理施肥,避免偏施氮肥,做到氮、磷、钾肥配合使用。合理密植,提倡宽窄行种植,低洼地注意排水,降低田间湿度,增强植株抗病力,减轻发病。在发病初期,剥除玉米植株下部的部分有病叶鞘,可减轻发病,也不影响产量。玉米收获后及时清除田间病残株,并进行深耕翻土,以消灭越冬菌源。

3. 药剂防治

于发病初期,每亩用 5% 井冈霉素 100~150 毫升,或 20% 纹枯净可湿性粉剂 25 克,加水 50～60 千克,或 50% 多菌灵可湿性粉剂 500～800 倍液对准发病部位均匀喷雾。一般间隔 7～10 天用药防治 1 次,连喷 2～3 次。

五、玉米粗缩病（图 11－5）

玉米粗缩病(简称 MRDD)是由灰飞虱传播的一种病毒病,为玉米生产上的重要病害之一。

（一）病原与病症

玉米粗缩病是由携带玉米粗缩病毒(MRDV)或水稻黑条矮缩病毒(RBSDV)的介体昆虫灰飞虱传播而引发。MRDV 和 RBSDV 均属植物呼肠孤病毒科斐济病毒属。

玉米感染粗缩病后,早期矮缩症状不明显,仅在幼叶中脉两侧的细脉间有透明虚线小点。随后透明小点逐渐增多,叶背面的叶脉上产生粗细不一的蜡白色突起,手摸有

图 11－5　玉米粗缩病病症

明显的粗糙感。继续发展叶片宽短僵直,叶色加深成浓绿色,病株生长受到抑制,节间明显缩短,严重矮化,仅为健株的 1/3～1/2。上部叶片密集丛生,整株或顶部簇生状如君子兰。根系少而短,容易从土中拔起。病情轻者植株稍有矮缩,雄花发育不良,可抽穗结实,但雌穗稍短,散粉少,粒少;重者雄穗不能抽出或虽能抽出但分枝极少、无花粉,雌穗畸形不实或籽粒很少,多提早枯死或无收成,严重影响玉米产量。

（二）发生规律与条件

可以引起玉米粗缩病的病原有 4 种:玉米粗缩病毒(MRDV)、马德里约柯托病毒(MRCV)、水稻黑条矮缩病毒(RBSDV)和新近报道

的南方黑条矮缩病毒(SBSDV)。它们都属于呼肠孤病毒科斐济病毒属,只能通过昆虫介体进行传播。经鉴定,引起中国玉米粗缩病的病原主要是 RBSDV。

RBSDV 主要由灰飞虱以持久性方式传播,玉米粗缩病的发生程度与当年灰飞虱的虫口密度和带毒虫率呈正相关。由于该病毒和其昆虫介体灰飞虱的寄主范围都非常广泛,包括小麦、水稻、玉米及看麦娘、狗尾草、马唐、稗草、画眉等多种禾本科杂草,病毒常年在各种寄主之间循环寄生,保证了病毒的来源。

虽然玉米是 RBSDV 最敏感的寄主,但不是灰飞虱的适生寄主,以玉米病株为毒源的回接试验往往不能成功。此外,仅感染 RBSDV 前期的玉米植株能作为侵染源,其人工饲毒的获毒率<8.2%。在自然界玉米粗缩病病株作为病害流行侵染源的作用不大,但作为循环寄主作用不可忽视。在中国北方,感染 RBSDV 病毒的马唐、稗草和再生高粱是秋播小麦苗期感染的侵染源,第二年麦收前,灰飞虱由小麦迁徙至禾本科杂草、早播玉米等构成了 RBSDV 的侵染循环寄主。因此,在玉米粗缩病流行地区,因管理粗放而田间杂草多或麦/玉米种植模式是玉米粗缩病易暴发流行的主要原因之一。

(三)防治措施

1. 积极"避"病,调整茬口和播期

玉米的播种时期是影响粗缩病发生的主要因素。调整播种期,使玉米对病害最为敏感的生育时期避开灰飞虱的迁飞高峰期可以明显降低发病率或减轻病害发生程度。春玉米应适当提早播种,在 4 月 15～20 日播种结束;蒜茬、蔬菜茬夏玉米应适当迟播,在 6 月 15 日后播种。改麦垄点种、带茬抢种为麦后毁茬直播,避免在 5 月底 6 月初灰飞虱的迁飞高峰期播种。

2. 提前"除"病,消灭毒源,防止蔓延

为了预防玉米粗缩病的暴发,应积极关注其他地区相关病害的发生情况,提前"除"病。在病害常发地区定点、定期调查小麦绿矮病、水稻黑条矮缩病和玉米粗缩病的病株率和严重程度,同时调查灰飞虱发生密度和带毒率。根据灰飞虱越冬基数和带毒率、小麦和杂草的病株率,确定适合本地区的预测模型。及时发出预警信号,指导防治。同时,及时清除田间及沟渠路边的杂草,破坏灰飞虱的栖息场所。发现病株及时拔除,带出田外集中深埋或烧毁,减少毒源,抑制病害的扩散和蔓延。

3. 力求"抗"病,选用抗病品种

由于生产上对玉米粗缩病高抗或免疫的品种很少。在玉米粗缩病的高发地区,或虫口密度高、玉米播期不能避开灰飞虱迁飞高峰期的田块,应选用耐病性较强的品种,如农大 108、先玉 335、西玉 3 号、鲁单 6018 等,降低病害危害程度。同时,加强水肥管理,采取合适的栽培措施,增强植物抗病性。

4. 适时"防"病,治虫防病

统防统治,抓住防治适期,采用化学药剂防治灰飞虱,可以在一定程度上控制病害的发生。玉米播种前,可采用5%蚜虱净乳油按种子质量的2%拌种,或用2%呋·甲种衣剂按种子质量的5%进行包衣;5 月上中旬,在小麦田喷施吡蚜酮兼治灰飞虱和麦穗蚜,减少麦田迁出虫源量;在套种玉米或直播玉米 3～5 叶期,用吡虫啉、扑虱灵等药剂喷施,防治已迁入的灰飞虱。

由于此病危害大、暴发性强,传毒介体具有迁飞性,"统防统治"对于病害的控制非常重要。在病害重发区,最好能够统一协调、因地制宜地进行专业化应急防治,降低灰飞虱虫量,从而减轻玉米粗缩病危害。

六、矮花叶病（图 11 - 6）

玉米矮花叶病又称花叶条纹病,是由病毒引起的一种系统侵染病害,是当前玉米生产中分布广泛、危害严重的病毒病之一。

（一）病原与症状

目前,造成严重危害的玉米矮花叶病病原主要有两类,一类为1965 年 Willims 确定的由玉米矮花叶病毒（MDMV）侵染所致的玉米矮花叶病,另一类是由甘蔗花叶病毒(SCMV)侵染所致的玉米矮花叶病。研究证明,在美国,玉米矮花叶病主要由玉米矮花叶病毒(MDMV-A)引起。在欧洲,此病由甘蔗花叶病毒(SCMV)引起。中国学者曾认为:矮花叶病在中国由玉米矮花叶病毒 MDMV-B 株系引起;但目前已证实,SCMV 是中国玉米矮花叶病的主要病原。

玉米矮花叶病毒在田间主要以带毒蚜虫的非持久性方式传播,也可以通过人工摩擦传染。植株感染矮花叶病后,在心叶基部出现椭圆形褪绿小点和斑驳,沿叶脉逐

图 11-6　玉米矮花叶病病症

渐扩展至全叶,继而成条点花叶状,进一步发展成为黄绿相间的条纹。发病后期,叶片变黄或紫红而干枯。发病早的病株严重矮化,不能抽穗;或虽能抽穗,但穗长变短、干粒质量下降。严重感病植株结实明显减少,甚至成为空秆。症状的产生及其类型受寄主抗病能力及其发病时间的影响。

（二）发生规律与条件

玉米矮花叶病是禾本科作物的重要病毒病害之一。该病由玉米矮花叶病毒(MDMV)侵染所致。MDMV 的寄主范围,主要有甘蔗、玉米、高粱等禾本科作物,其野生寄主仅限禾本科。在自然条件下,MDMV 主要由机械传播或由蚜虫以非持久性方式传播,并且 MDMV 还可以种传。同时,该病的发生程度与植株上的蚜虫量关系密切。生产中,若大面积种植易感病玉米品种,在对蚜虫活动有利的气候条件下,即 5～7 月凉爽、降水不多,蚜虫将迁飞到玉米田吸食传毒,大量繁殖后辗转危害,从而造成该病流行。近年中国玉米矮花叶病北移现象发生明显,其原因除蚜虫和机械摩擦传播外,种子带毒传播也

成为其中之一。玉米种子的带毒不仅为玉米矮花叶病提供初侵染源,而且为玉米矮花叶病毒的远距离传播创造了条件。从 20 世纪 80 年代开始,中国甘肃、河北、山东等玉米主产区先后出现种子带毒的现象,这对玉米产量带来巨大损失。但不同玉米品种,其种子带毒率存在差异,一般为 0.15% ~ 6.52%。马占鸿和王海光(2002)对河北承德制种基地发病严重的掖单 2 号杂交种研究发现,该品种种子带毒率高达 3.15%。玉米矮花叶病毒经由玉米种子传播过程中,主要是通过受侵染的种皮和胚乳来完成的,玉米花粉不能带毒传播。但 von Wechmar 等(1992)报道,锈菌的夏孢子可带毒传播。关于玉米种子带毒的机理问题,已明确带毒种子的种表、种皮组织、胚乳均可携带 MDMV - B,但胚不携带 MDMV - B,种表携带的 MDMV - B 无侵染活性,种皮组织携带的侵染活性低,胚乳携带的侵染活性高。

影响玉米矮花叶病发生流行的因素较多。研究发现,20 世纪 90 年代以来中国玉米矮花叶病流行的主导因素是品种(自交系)抗病性普遍较差,加上适宜的气象条件和较多的蚜虫数量成为该病流行成灾的重要原因。另外,由于种子带毒率高,田间初侵染源基数增大,在抗病品种尚缺乏情况下,遇玉米苗期气候适宜,介体蚜虫大量繁殖,该病即迅速传播,可流行成灾。郭满库等(1998)的实验发现,地膜覆盖种植可明显减少传播介体有翅蚜的迁入数量,降低带毒苗率77.8%,降低田间发病率98.5%。

此外,除玉米品种的抗病性、栽培管理水平、蚜虫量等因素外,自然气候条件、土壤和地形条件也会影响该病害发生。对 MDMV 的防治应采取以种植抗病品种为主,并辅以合理的栽培管理措施。美国从 20 世纪 60 年代起至今持久地进行玉米矮花叶病基础研究,利用高抗自交系 Pa405 和 B68 作为抗病亲本,通过系谱法和回交改良,成功地将抗病基因导入甜玉米种质中,得到了一批高抗玉米矮花叶病的甜玉米材料,成功解决了美国甜玉米种质中严重缺乏抗矮花叶病基因的问题。因此,培育和种植抗病品种应是有效防治玉米矮花叶病的最佳途径。

田间观测玉米矮花叶病的发病适温为 20 ~ 30℃,超过 30℃病害隐症。25℃以上,30℃以下,温度越低潜育期越长,病症不太明显,发病率也低,温度越高潜育期越短。病症越明显,发病率也高。玉米矮花叶病的传毒介质为蚜虫,其田间虫口量大,迁徙频繁,均易造成感病期玉米植株染病,导致发病率明显增加。

(三)防治措施

1.选用抗病的自交系和杂交种

要合理搭配种植品种,坚决压缩高感品种(如中单2号),扩大高抗耐病品种(如沈10号、豫玉22号),并进一步重视和加强高抗耐病品种的引进、筛选和推广。

2.压低毒源

MDMV可侵染200多种杂草,并可在多种杂草上越冬,如MDMV－A可在约翰逊草上越冬,SCMV－MDB可在中国雀麦、大油芒、矛叶荩草上越冬并作为初侵染源,供蚜虫在玉米田传播而引起MDMV的流行。因此,及时清除田间地边杂草、拔除田间种子带毒苗,减少毒源,可控制玉米矮花叶病的流行。

3.大力推广地膜化栽培

要引导群众在选用抗病品种的基础上,积极应用地膜栽培技术,减少露地直播玉米,优化田间生态环境,提高玉米的抗逆性,减少损失。

4.适期播种

适期早播可以有效避开蚜虫发生传毒的高峰期。北方春玉米区一般年份应争取在4月上旬播种地膜玉米,4月中旬播种露地玉米。并根据当年气候条件灵活调整,以最大限度地利用光、热、水资源,促使玉米幼苗早生快长,增强抗逆性,避开蚜虫危害期。

5.治蚜防病

(1)治蚜要及时 要在蚜虫发生初期,及时把蚜虫消灭,特别是要注意苗期防蚜。

(2)治蚜要彻底 如果不彻底,即使留下10%的蚜虫,也会继续传毒。

(3)治蚜要综合 不能只防治玉米田的蚜虫,还要防治小麦田、油菜田、果树等多种作物上的蚜虫,压低蚜虫群体数量,减少传毒介体。

(4)治蚜要防病　不能只喷杀虫剂,而不喷病毒抑制剂,应将二者混合喷雾,1次防治。

(5)治蚜要高效　经试验示范,选用10%吡虫啉可湿性粉剂3 000倍液或3%啶虫脒(莫比朗)加10%混合脂肪酸水剂(菌毒克、83增抗性、扫病康、抑菌灵)100倍液或2%氨基寡糖素水剂(好普)、3.85%三氮唑核苷·铜·锌水乳剂(病毒毖克),也可加入0.3%~0.5%的磷酸二氢钾,从蚜虫始发期开始,间隔5~7天,连续喷雾2~3次,可有效消灭蚜虫,抑制病毒,增强抗性,恢复植株生长,保护健株。

6.加强栽培管理

要合理密植,实行平衡配套施肥技术,培肥地力,培育壮苗,及时清除田间杂草等,以提高抗病性,减少或减轻病害的发生。在施以药剂防治保护的同时,对已经侵染导致矮化的病弱株应拔除烧毁。

7.药剂防治

控制病害发展。在发病初期,可选用1.5%植病灵乳油1 000倍液,40%抗毒素乳油500倍液或83增抗剂100倍液喷雾。间隔10天喷1次,连续喷施2~3次,可控制病害的发展蔓延。

8.抗MDMV的基因工程

利用基因工程技术培育有别于传统育种方法的转基因抗病毒植株,这在国内外都有报道。采用外壳蛋白介导的抗性策略培育成功的抗病毒转基因植物有烟草、番茄、苜蓿和马铃薯等。鉴于玉米矮花叶病毒源量大、传播途径多、品种抗病力低等特点,进行抗玉米矮花叶病毒的基因工程的研究,是控制玉米矮花叶病的有效途径,国外已有报道,国内应加强这方面的研究工作。

七、顶腐病 （图11-7）

（一）病原与症状

玉米顶腐病是我国的一种新病害。该病可细分为镰刀菌顶腐病、细菌性顶腐病两种情况：

图 11 -7　玉米顶腐病病症

1. 镰刀菌顶腐病

在玉米苗期至成株期均表现症状，心叶从叶基部腐烂干枯，紧紧包裹内部心叶，使其不能展开而呈鞭状扭曲；或心叶基部纵向开裂，叶片畸形、皱缩或扭曲。植株常矮化，剖开茎基部可见纵向开裂，有褐色病变；重病株多不结实或雌穗瘦小，甚至枯萎死亡。病原菌一般从伤口或茎节、心叶等幼嫩组织侵入，虫害尤其是蓟马、蚜虫等的危害会加重病害发生。

2. 细菌性顶腐病

在玉米抽雄前均可发生。典型症状为心叶呈灰绿色、失水萎蔫枯死，形成枯心苗或丛生苗；叶基部水浸状腐烂，病斑不规则，褐色或黄褐色，腐烂部有或无特殊臭味，有黏液；严重时用手能够拔出整个心叶，轻病株心叶扭曲不能展开。高温高湿有利于病害流行，害虫或其他原因造成的伤口利于病菌侵入。多出现在雨后或田间灌溉后，低洼或排水不畅的地块发病较重。

（二）发生规律

病原菌在土壤，病残体和带菌种子中越冬，成为下一季玉米发病的初侵染菌原。种子带菌还可远距离传播，使发病区域不断扩大。顶腐病具有某些系统侵染的特征，病株产生的病原菌分生孢子还可以随风雨传播，进行再侵染。

（三）防治方法

1. 加快铲趟进度,促进玉米秧苗的提质升级

要充分利用晴好天气加快铲趟进度,排湿提温,消灭杂草,以提高秧苗质量,增强抗病能力。

2. 及时追肥

玉米生育进程进入大喇叭口期,要迅速对玉米进行追施氮肥,尤其对发病较重地块更要做好及早追肥工作。同时,要做好叶面喷施微肥和生长调节剂,促苗早发,补充养分,提高抗逆能力。

3. 科学合理使用药剂

对发病地块可用广谱杀菌剂进行防治,如50%多菌灵可湿性粉剂500倍液或70%甲基托布津加"蓝色晶典"多元微肥型营养调节剂600倍液(每桶水25克)或"壮汉"液肥500倍液均匀喷雾。

4. 毁种

对严重发病难以挽救的地块,要及时做好毁种工作。

八、瘤黑粉病（图11-8）

图11-8　玉米瘤黑粉病病症

玉米瘤黑粉病是玉米生产中的重要病害,是由病菌侵染植株的茎秆、果穗、雄穗、叶片等幼嫩组织所形成的黑粉瘤。消耗大量的植株养分或导致植株空秆不结实,进而造成 30% ~80% 的产量损失,严重威胁玉米生产。

(一) 病原与症状

玉米瘤黑粉菌为担子菌门黑粉菌属。冬孢子球形或椭圆形,暗褐色,壁厚,表面有细刺。玉米瘤黑粉菌有生理分化现象,存在多个生理小种。冬孢子无休眠期,在水中和相对湿度 98% ~100% 条件下均可萌发,萌发的适温为 26 ~30℃。担孢子和次生担孢子的萌发适温为 20 ~26℃,侵入适温为 26 ~35℃。分散的冬孢子不能长期存活,无论在地表或土内,集结成块的冬孢子存活期都较长。

玉米瘤黑粉病是局部侵染病害,被侵染的组织因病菌代谢物的刺激而形成瘤。其最显著的特征是所有地上部分都可以产生菌瘿,如植株的气生根、茎、叶、叶鞘、雄花及雌穗等幼嫩组织均可发病,而且幼株的分生组织也可以感染病菌使地下部分产生菌瘿。在幼苗株高达 30 厘米左右发病,多在幼苗基部或根茎交界处产生菌瘿,造成幼苗扭曲矮缩,叶鞘及心叶破裂紊乱,严重的造成早枯。若植株在拔节前后感病,叶片或叶鞘上可出现菌瘿,叶片上的较小,多如豆粒大小,常从叶片基部向上成串密生。在茎或气生根上的菌瘿大小不等,一般如拳头大小。雄花主梗上产生菌瘿后,主梗向菌瘿的相反方向曲折,而雄花大部分或个别小花形成圆形的角状菌瘿。雌穗侵染后,多在果穗上半部或个别籽粒上形成菌瘿,严重的全穗变成较大的肿瘤。菌瘿外包有由寄主表皮组织形成的薄膜,未成熟时呈白色发亮或淡红色,有光泽,内部含有白色松软组织,受轻压常有水流出,随着冬孢子的形成而呈现灰白色或黑色。病瘤直径一般在 3 ~15 厘米。当菌瘿成熟后,外膜破裂散出大量黑粉,即冬孢子(或称厚垣孢子)。若细胞迅速成熟,菌瘿的发育受阻而呈现小而硬的形态,不产生或只产生少量的冬孢子。一般同一植株上可多处生瘤,有的在同一位置有数个病瘤堆聚在一起。受害的植株茎秆多扭曲,变得矮小,果穗变小甚至空秆。

病株上着生的肿瘤,外生白色或灰色薄膜,幼嫩时内部白色肉质,柔软有汁,成熟时变成灰色、坚硬。但肿瘤形状和大小各异,直径从不足 1 厘米至 20 厘米以上,单生、叠生或串生,形状有角形、近球形、棒形、椭球形、不规则形等多种形状。各部位均可生长,如叶鞘、气生根、果穗、茎叶。各部位表现症状如下:茎叶扭曲,矮缩不长,病瘤串生、小而多,常分布于基部中脉两侧、叶鞘上;茎秆组织增生,肿瘤常是由于腋芽被侵染后而形成,常突出叶鞘;雄穗聚集成堆产生长蛇状肿瘤,常生一侧;果穗形成形体较大的肿瘤,突破苞叶而外露,常在穗顶部形成。

玉米瘤黑粉病可侵染玉米不同部位,若胚珠被侵染会导致绝收;果穗以下茎部感病平均减产 20%;果穗以上茎部感病减产 40%;果穗上、下茎部都感病减产 60%;果穗感病减产 80%。通常只要发病就会导致植株矮小、籽粒小且不饱满,严重影响玉米的产量和品质,从而制约玉米生产。

(二) 发生规律与条件

玉米瘤黑粉病菌主要以冬孢子在田间土壤、地表和病残体上以及混在粪肥中越冬,随气流、雨水和昆虫传播,这些带菌的土壤和病残体均可成为翌年的初侵染源。种子表面带菌对该病的远距离传播有一定作用。越冬的冬孢子在适宜的条件下萌发产生担孢子和次生担孢子,它们经风雨传播至玉米的幼嫩器官上,萌发并直接穿透寄主表皮或经由伤口侵入。在玉米的整个生育期可进行多次再侵染,在抽穗期前后 1 个月内为玉米瘤黑粉病的盛发期。除担孢子和次生担孢子萌发产生侵入丝侵入寄主外,冬孢子也可萌发产生芽管侵入寄主。

玉米整个生育期可多次再侵染,抽穗前后 1 个月为盛发期。除担孢子和次生担孢子侵染外,冬孢子也可萌发侵染寄主。潮湿的气候是侵染的必要条件,施用动物粪便可增加玉米瘤黑粉病的发病率,磷酸化肥可降低其发病率;单独增加钾肥可增加发病率。品种间发病也存在较大的差异,一般马齿型品种较硬粒型品种抗病;早熟种较晚熟种发病轻;苞叶短小、包裹不严的易感病;甜玉米易感病;春播玉米比夏播玉米易感病;山区、丘陵地带比平原地区发病重、发病早、病瘤大;密度大、通风不良、连作年限长的田块发病较重。

（三）防治措施

1.农业防治

（1）减少菌源　秋季玉米收获后及时清除田间病残体,深翻改土,施用充分腐熟的堆肥、厩肥,防止病原菌冬孢子随粪肥传病。

（2）选用抗病品种　因地制宜地利用抗病品种,当前生产上较抗病的杂交种有掖单2号、掖单4号、中单2号、农大108、吉单342、沈单10号、郑单958、鲁玉16、掖单22、聊93-1、豫玉23、蠡玉6号、海禾1号等。

（3）加强栽培及田间管理　适期播种,合理密植,加强肥水管理,科学施肥,抽雄前后要保证水分供应充足,尽量减少耕作时的机械损伤。重病田实行2~3年轮作倒茬。在肿瘤未成熟破裂前,尽早摘除病瘤并进行深埋销毁,摘瘤应定期、持续进行。

2.药剂防治

（1）种子处理　用50%福美双可湿性粉剂,按种子重量0.2%的药量拌种,或用25%三唑酮可湿性粉剂,按种子重量0.3%的用药量拌种,或用2%戊唑醇湿拌种剂,按种子重量的0.29%~0.33%拌种。拌种前先将药剂用少量水调成糊状。

（2）土壤处理　在玉米未出土前用15%三唑酮可湿性粉剂750~1 000倍液,或用50%克菌丹可湿性粉剂200倍液进行土表喷雾,以减少初侵染菌源。

（3）生育期防治　幼苗期喷施波尔多液有较好的防效;在病瘤未出现前对植株喷施三唑酮、烯唑醇、福美双等杀菌剂;在玉米抽穗前喷50%福镁双,防治1~2次,可有效减轻病害。

九、锈病（图11-9）

玉米锈病是玉米上常见的一种气传病害,主要发生在热带和亚热带。中国玉米锈病发生范围较广,遍及南北主要玉米产区。一般在发病中度的田块,可以减产 10% ~ 20%,感病较重的可达 50% 上,部分田块可能绝收。锈病已经对中国部分玉米产区产生严重影响。

图 11 - 9　玉米锈病病症

(一) 病原与病症

玉米锈病根据病原菌的不同可分为 3 种:分别为由玉米柄锈菌引起的普通型锈病、由多堆柄锈菌引起的南方型锈病和由玉米壳锈菌引起的热带型锈病。普通型锈病和南方型锈病是中国主要发生的锈病类型,而热带锈病主要分布于美洲。

玉米锈菌主要危害叶片和叶鞘,有时甚至侵染苞叶,其中以叶片受害最重。被害叶片最初出现针尖般大小的褪绿斑点,以后斑点渐呈疱疹状隆起形成夏孢子堆。夏孢子堆细密地散生于叶片的两面,通常以叶表居多,近圆形至卵圆形,直径 0.1 ~ 0.3 毫米,初期覆盖着一层灰白色的寄主表皮,表皮破裂后呈粉状,橙色到肉桂褐色。叶片上表面的夏孢子堆有时为锈寄生菌所寄生。玉米生长的末期,在叶片的背面,尤其是在靠近叶鞘或中脉及其附近,形成细小的冬孢子堆,冬孢子堆稍隆起,圆形或椭圆形,直径 0.1～0.5 毫米,棕褐色或近于黑色,长期埋生于寄主的表皮下。

(二)发生规律与条件

一般田间叶片染病后,病部产生的夏孢子可借气流传播,进行世代重复侵染及蔓延扩展(以普通型锈病为例)。在海南、广东、广西、云南等中国南方湿热地区,病原锈菌以夏孢子借气流传播侵染致病;由于冬季气温较高,夏孢子可以在当地越冬,并成为当地第二年的初侵染菌源。但在甘肃、陕西、河北、山东等中国北方省份,病原锈菌则以冬孢子越冬,冬孢子萌发产生的担孢子成为初侵染接种体,借气流传播侵染致病;发病后,病部产生的夏孢子作为再侵染接种体,除本地菌源外,北方玉米锈病的初侵染菌源还可以是来自南方通过高空远距离传播的夏孢子。

孢子发芽试验表明,无论是普通型锈孢子或南方型锈孢子,几乎在 2 小时内就全部发芽。依温度而论,普通型锈病在 12～28℃均发芽良好,但以 12～16℃为最佳;而南方型锈病仅在 24～28℃较优,这也说明了为何锈病多发生在热带和亚热带地区。夏孢子的存活试验表明,普通型锈孢子在 -40～-5℃保存 150 天以后,仍有 60%～70%的发芽率,28℃经 1 个月后才失去发芽力;但南方型锈孢子在 -40～-20℃经过大约 10 天亦不发芽,只在 28℃稍好一些,但经过 60 天后发芽率亦降至 14%。这表明普通型锈菌孢子的保存较为容易,而且在低温下更为理想,但南方型锈病菌的夏孢子保存则比较困难,同时也说明了南方型锈病比普通型锈病要求温度较高。

(三)防治措施

由于玉米锈病是一种气流传播的大区域发生及流行的病害,防治上必须采取以选育抗病品种为主、以农业防治和化学防治为辅的综合防治措施。玉米南方型锈病的防治关键是掌握防治的最佳时期。在感病品种种植面积较大,而且多雨的情况下,一定要密切关注和观察南方型锈病的发生情况,做到早防早治,力求在病害初期及时防治,以达到事半功倍的效果。

1．抗病品种选育

美国和中国台湾等地通过种植抗玉米锈病品种,已取得明显成效;同时,中国的自交系齐 319 对玉米南方型锈病表现免疫,而经选育的杂交种鲁单 981、鲁单 50、蠡玉 16、DH601、农大 108、豫玉 22 等均对玉米锈病表现较好的抗性,中科 4 号、鑫玉 16、德农 8 号、辽 613 等新品种亦具有较好的抗锈病性。因而,在种植玉米时应选择抗病、高产、优质的马齿型中早熟品种,如鲁单 50、濮单 4 号、强盛 1 号、大京九 6 号等;也可选择丰产、抗病性均好的品种凉单 1 号、金穗 2001、高油 115、农大 108 等,在生产中推广种植。

2．种子包衣

种子收获期淋雨或贮存期湿度大,均会导致种子带菌量大,若播种时不对其进行药剂处理,则玉米苗期病害易发生。对玉米种子进行包衣,或用三唑酮、好力克等药剂对种子进行拌种,杀灭种子携带的病原菌,可减少玉米锈病的发生率和危害程度。

3．化学防治

玉米锈病的化学防治主要是在玉米锈病发病初期施用化学药剂,可依据使用时的实际情况选择合适的药剂对玉米锈病进行防治。常用的化学药剂有 40％多·硫悬浮剂(灭病威)、25％三唑酮可湿性粉剂(粉锈宁、百理通)、25％敌力脱乳油(丙环唑、必扑尔)及 12.5％烯唑醇可湿性粉剂(速保利、特普唑)等。

第二节

玉米主要虫害与防治策略

一、玉米螟（图11-10）

玉米螟又称玉米钻心虫,是一种食性很杂、分布很广的害虫。除危害玉米外,还危害高粱、棉花和麻类等多种作物。玉米螟可危害玉米植株地上的各个部位,使受害部分丧失功能,降低籽粒产量。

1. 形态识别

成虫黄褐色,前翅有锯齿状条纹,雄蛾较雌蛾小,颜色较深。雄蛾长10毫米左右,翅展20~26毫米;雌蛾长12毫米左右,翅展25~34毫米。卵扁椭圆形,长约1毫米,初产时乳白色,逐渐变黄白色,鱼鳞状,排列成不规则的卵块。幼虫初孵时淡黄白色,后变为灰褐色,成熟后体长20~30毫米,身体各节有4个横排的深褐色突起。蛹黄褐色,体长16~19毫米,纺锤形,尾部末端有小钩刺5~8个。

图11-10 玉米螟危害症状

2.危害症状

以幼虫危害玉米茎、叶及穗部,玉米植株幼嫩部分受害最重。心叶受害,造成花叶和虫孔。在虫孔周围有时还附带着一些虫粪,抽雄后钻蛀茎内,影响雌穗分化与养分输送,使植株易遭风折。打苞时蛀食雄穗,常使雄穗或其分枝折断,影响授粉。穗期危害雌穗轴、花柱及籽粒,影响产量及质量。

3.发生规律

玉米螟在多种玉米等作物秸秆中越冬。翌年春,在玉米出苗期到喇叭口期之间,蛾子产卵,卵块多产在叶背主脉两侧。影响玉米螟发生量的重要因素之一是越冬幼虫的多少。越冬虫量大,冬春季气候条件适宜,第一代发生重。幼虫在幼嫩的植株上迁移频繁。心叶期后,迁移减少;打苞以后,大部分群集到穗内危害;雄穗露出时,开始向下转移;抽穗一半时,大量转移;全部抽穗后,大部分蛀入茎节或刚抽出的雌穗内危害。1~3龄幼虫多在茎穗外部活动,4龄以后开始蛀入茎内。

玉米螟的发生、危害与气候条件关系密切。温度对其影响不大。在北方,越冬幼虫在-30℃的低温下短时间可以不死;而在南方夏秋季生活的幼虫,在35℃左右的高温下亦能正常活动。但对湿度则比较敏感,多雨高湿常是虫害大发生的条件;湿度越低,对玉米螟的发生越不利,受害越轻。

4.防治措施

(1)农业防治 消灭越冬虫源。越冬幼虫羽化之前,因地制宜采用各种方法,处理越冬虫源。如将玉米秆铡碎沤肥,或把有虫的茎秆烧掉,或者在春玉米收割后,用石磙滚压秸秆,压死幼虫和蛹。在玉米心叶末期进行喇叭口施药,用3%呋喃丹颗粒剂,每亩用量0.5千克左右。

(2)生物防治 用青虫菌粉0.5千克,均匀拌细土100千克,配制成菌土3千克左右,点施于心叶,或用杀螟秆菌粉0.5千克(含菌量120亿左右),加细土100千克拌匀,撒在心叶内,每千克菌土可撒施700株左右。

(3)农药防治　Bt乳剂150克加颗粒载体(沙或细土)5千克;或者每亩用25%西维因可湿性粉200克,加颗粒载体5千克,制成颗粒剂,撒施于玉米心叶中;或在大喇叭口期,用甲氨基阿维菌素乳油140毫升,拌毒土10千克,或50%辛硫磷乳油1 000~1 500倍液、20%速灭杀丁乳油4 000剂,或40%多菌灵可湿性粉剂200克/亩制成药土点心,可防治病菌侵染叶鞘和茎秆。吐丝期,用65%可湿性代森锰锌400~500倍液喷果穗,以预防病菌侵入果穗。

二、玉米蚜虫（图11－11）

玉米蚜虫俗名腻虫、蚁虫。属同翅目,蚜科。广泛分布于全国各地的玉米产区,可危害玉米、小麦、高粱、水稻及多种禾本科杂草。

1. 形态识别

有翅胎生雌蚜体长1.5~2.5毫米,头胸部黑色,腹部灰绿色,腹管前各节有暗色侧斑。触角6节,触角、喙、足、腹节间、腹管及尾片黑色。无翅孤雌蚜体长卵形,活虫深绿色,被薄白粉,附肢黑色,复眼红褐色。头、胸黑色发亮,腹部黄红色至深绿色。触角6节,比身体短,其他特征与无翅型相似。卵椭圆形。

2. 危害症状

玉米苗期以成蚜、若蚜群集在心叶中危害,抽穗后危害穗部,吸收汁液,妨碍生长,还能传播多种禾本科谷类病毒。成虫、若蚜刺吸植物组织汁液,导致叶片变黄或发红,影响生长发育,严重时植株枯死。玉米蚜多群集在心叶,危害叶片时分泌蜜露,产生黑色霉状物,别于高粱蚜。在紧凑型玉米上主要危害雄花和上层1~5叶,下部叶受害轻,刺吸玉米的汁液,致叶片变黄枯死,常使叶面生霉变黑,影响光合作用,降低粒重,并传播病毒病造成减产。

图 11 – 11　玉米蚜虫危害症状

3. 发生规律

从北到南 1 年发生 10 ~ 20 余代,一般以无翅胎生雌蚜在小麦苗及禾本科杂草的心叶里越冬。4 月底 5 月初向春玉米、高粱迁移。玉米抽雄前,一直群集于心叶里繁殖危害,抽雄后扩散至雄穗、雌穗上繁殖危害。扬花期是玉米蚜繁殖危害的最有利时期,故防治适期应在玉米抽雄前。一般在 7 月中下旬为第一危害高峰期,8 月下旬至 9 月上中旬玉米熟颗时出现第二次高峰,每 10 株蚜量可达 4 000 ~ 6 000 头。适温高湿,即旬平均气温 23℃ 左右,相对湿度 85% 以上,玉米正值抽雄扬花期时,最适于玉米蚜的增殖危害,而暴风雨对玉米蚜有较大控制作用。杂草发生较重的田块,玉米蚜也偏重发生。

4. 防治措施

(1)农业措施　选用中早熟玉米品种适时套种,可使抽雄期提前,减轻蚜虫危害。增施有机肥,科学施用化肥,注意氮、磷肥配合,促进植株健壮,可以减轻蚜虫危害。清除田间杂草,可减少虫源和滋生基地。

211

（2）生物防治 利用食蚜蝇、瓢虫等天敌，以虫治虫；注意当玉米苗期草间小黑蛛、瓢虫、食蚜蝇、草蛉数量较多情况下，尽量避免药剂防治或选用对天敌无害的农药防治。

（3）药物防治 在玉米心叶期有蚜株率达50%，百株蚜量达2 000头以上时，可用50%抗蚜威3 000倍液，或40%氧化乐果1 500倍液，或50%敌敌畏1 000倍液，或2.5%敌杀死3 000倍液均匀喷雾，也可用上述药液灌心。也可用40%氧化乐果50～100倍液涂茎。

在蚜虫盛发前期，用40%乐果乳油或80%敌敌畏乳油1 500～2 000倍液；或50%抗蚜可湿性粉剂3 000～5 000倍液，根区施药。

在孕穗期前后，选用10%吡虫啉可湿性粉剂50～100克、10%大功臣可湿性粉剂20～30克或40%氧化乐果乳油50毫升，加水40～50千克喷雾。

三、地老虎（图11－12）

地老虎又叫地蚕、土蚕、切根虫；属昆虫纲，鳞翅目，夜蛾科。是一种较为常见的地下害虫。

图11－12 地老虎危害玉米幼苗症状

1. 形态识别

地老虎成虫为暗褐色,体长 16 ~ 23 毫米,肾形斑外有 1 个尖端向外的楔形黑斑,亚缘线内侧有 2 个尖端向内的楔形斑,3 个斑尖端相对,触角雌丝状,雄羽毛状;幼虫体长 37 ~ 50 毫米,黑褐色或黄褐色,臀板有两条深褐色纵带,基部及刚毛间排列有小黑点。

2. 危害症状

地老虎属多食性害虫,主要以幼虫危害幼苗。幼虫将幼苗近地面的茎部咬断,使整株死亡,造成缺苗断垄。

3. 发生规律

地老虎由北向南 1 年可发生 2 ~ 7 个世代。小地老虎以幼虫和蛹在土中越冬;黄地老虎以幼虫在麦地、菜地及杂草地的土中越冬。两种地老虎虽然 1 年发生多代,但均以第一代数量最多,危害也最重,其他世代发生数量很少,没有显著危害。

成虫有远距离迁飞习性,3 月下旬至 4 月上旬为发蛾盛期,1 年发生 3 ~ 4 代。幼虫 6 龄,1 ~ 2 龄在作物幼苗顶心嫩叶处咬食叶肉成透明小孔,昼夜危害;3 龄前食量较小,4 龄后食量剧增,在田间取食幼苗,造成缺苗断垄。

秋季多雨是地老虎大发生的预兆。因秋季多雨,土壤湿润,杂草滋生,地老虎在适宜的温度条件下,又有充足的食物,适于越冬前的末代繁殖,所以越冬基数大,成为翌年大发生的基础。早春 2 ~ 3 月多雨,4 月少雨,此时幼虫刚孵化或处于 1 龄、2 龄时,对地老虎发生有利,第一代幼虫可能危害严重。相反,4 月中旬至 5 月上旬中雨以上的雨日多,雨量大,造成 1 龄、2 龄幼虫大量死亡,第一代幼虫危害的可能性就轻。

4. 生活习性

地老虎的一生分为卵、幼虫、蛹和成虫(蛾子)4 个阶段。成虫体翅暗褐色。地老虎一般以第一代幼虫危害严重,各龄幼虫的生活和危害习性不同。1 龄、2 龄幼虫昼夜活动,啃食心叶或嫩叶;3 龄后白天躲在土壤中,夜出活动危害,咬断幼苗基部嫩茎,造成缺苗;4 龄后幼虫抗药性大大增加。因此,药剂防治应把幼虫消灭在 3 龄以前。

地老虎成虫日伏夜出,具有很强的趋光性和趋化性,特别对短波光的黑光灯趋性最强,对发酵而有酸甜气味的物质和枯萎的杨树枝有很强的趋性。这就是黑光灯和糖醋液能诱杀害虫的原因。

5. 防治措施

(1)诱杀成虫 诱杀成虫是防治地老虎的上策,可大大减少第一代幼虫的数量。方法是利用黑光灯和糖醋液诱杀。

(2)铲除杂草 杂草是成虫产卵的主要场所,也是幼虫转移到玉米幼苗上的重要途径。在玉米出苗前彻底铲除杂草,并及时移除田外作饲料或沤肥,勿乱放乱扔。铲除杂草将有效地压低虫口基数。

(3)药剂防治 药剂防治仍是目前消灭地老虎的重要措施。播种时可用药剂拌种,出苗后经定点调查,平均每平方米有虫 0.5 个时为用药适期。

1)药剂拌种 用 50% 辛硫磷乳剂 0.5 千克加水 30～50 升,拌种子 350～500 千克。

2)毒饵诱杀 对 4 龄以上的幼虫用毒饵诱杀效果较好。将 0.5 千克 90% 敌百虫用热水化开,加清水 5 升左右,喷在炒香的油渣上搅拌均匀即成。每公顷用毒饵 60～75 千克,于傍晚撒施。

3)喷药防治 用 90% 敌百虫晶体 1 000～2 000 倍液或 50% 辛硫磷乳油 1 000～1 500 倍液,在幼虫 1～2 龄时田间喷雾 2～3 次,间隔 7～10 天。

四、蝼蛄（图 11-13）

有非洲蝼蛄、华北蝼蛄,均属直翅目蝼蛄科。

1. 形态识别

非洲蝼蛄成虫体长 30～35 毫米,灰褐色,身体瘦小,腹部末端近纺锤形,后足胫节背面内侧有 3～4 个距;华北蝼蛄成虫体长 36～55 毫米,身体肥大,黄褐色,腹部末端近圆筒形,后足胫节背面内侧有 1 个距或消失。非洲蝼蛄若虫共 6 龄,2～3 龄后与成虫的形态、体色相似;华北蝼蛄若虫共 13 龄,5～6 龄后与成虫的形态、体色相似。

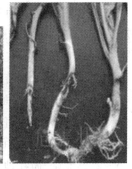

图 11 - 13　蝼蛄成虫形态特征及其危害症状

2. 危害症状

蝼蛄食性极杂,可危害多种蔬菜,成虫、若虫在土壤中咬食播下的种子和刚出土的幼芽,或咬断幼苗,受害的植株根部呈乱麻状。蝼蛄活动时会将土层钻成许多隆起的隧道,使根系与土壤分离,致使根系失水干枯而死。在温室、大棚内因气温较高,蝼蛄活动早,对苗床的危害更重。

3. 发生规律

华北蝼蛄约 3 年 1 代,卵期 17 天左右,若虫期 730 天左右,成虫期近 1 年。以成虫、若虫在 67 厘米以下的无冻土层中越冬,每窝 1 只。越冬成虫在翌年 3～4 月开始活动。5 月上旬至 6 月中旬,当平均气温和 20 厘米土温为 15～20℃时进入危害盛期,并开始交配产卵。产卵期约 1 个月,平均每头雌虫产卵 288～368 粒。卵产在10～25 厘米深预先筑好的卵室内,其场所多在轻盐碱地或渠边、路旁、田埂附近。6 月下旬至 8 月下旬天气炎热,则潜入土中越夏,9～10 月再次上升至地表,形成第二次危害高峰。

4. 生活习性

两种蝼蛄均昼伏夜出,21～23 点时最活跃,雨后活动更甚。具趋光性和喜湿性,对香甜物质如炒香的豆饼、麦麸以及马粪等农家肥有强烈趋性。

5. 防治措施

（1）农业措施　有条件的地区实行水旱轮作,以及精耕细作、深耕多耙、不施未经腐熟的农家肥等,造成不利于地下害虫的生存条件,减轻蝼蛄危害。

（2）马粪和灯光诱杀　可在田间挖 30 厘米见方、深约 20 厘米的坑,内堆湿润马粪,表面盖草,每天清晨捕杀蝼蛄。

（3）毒饵诱杀　将豆饼或麦麸 5 千克炒香,或秕谷 5 千克煮熟晾至半干,再用 90% 敌百虫晶体 150 克加水将毒饵拌潮,每亩用毒饵1.5～2.5 千克,撒在地里或苗床上,诱杀蝼蛄。

（4）药剂防治　每亩用 50% 辛硫磷 1.0～1.5 千克,掺干细土15～30 千克充分拌匀,撒至菜田中或开沟施入土壤中。或用 25% 亚胺硫磷乳油 250 倍液灌根。

五、二点委夜蛾（图 11－14）

二点委夜蛾属鳞翅目夜蛾科,分布于日本、朝鲜、俄罗斯、欧洲等

图 11－14　二点委夜蛾的形态特征及其危害症状

地,是我国夏玉米区新发生的害虫,各地往往误认为是地老虎危害。该害虫随着幼虫龄期的增长,害虫食量将不断加大,发生范围也将进一步扩大,如不能及时控制,将会严重威胁玉米生产。

1. 形态识别

卵馒头状,上有纵脊,初产黄绿色,后土黄色。直径不到 1 毫米。成虫体长 10 ~ 12 毫米,翅展 20 毫米。雌虫体会略大于雄虫。头、胸、腹灰褐色。前翅灰褐色,有暗褐色细点;内线、外线暗褐色,环纹为一黑点;肾纹小,有黑点组成的边缘,外侧中凹,有一白点;外线波浪形,翅外缘有一列黑点。后翅白色微褐,端区暗褐色。腹部灰褐色。雄蛾外生殖器的抱器瓣端半部宽,背缘凹,中部有一钩状突起;阳茎内有刺状阳茎针。老熟幼虫体长 20 毫米左右,体色灰黄色,头部褐色。幼虫 1.4 ~ 1.8 厘米长,黄灰色或黑褐色,比较明显的特征是个体节有一个倒三角的深褐色斑纹,腹部背面有两条褐色背侧线,到胸节消失。蛹长 10 毫米左右,化蛹初期淡黄褐色,逐渐变为褐色,老熟幼虫入土做一丝质土茧包被内化蛹。

2. 危害症状

二点委夜蛾的幼虫喜湿怕光,藏匿于麦秸、麦糠下,咬食危害玉米茎基部,形成孔洞,造成枯心苗和植株倒伏,越是高产地块,麦秸麦糠越多,发生危害越重。危害症状是:在玉米幼苗 3 ~ 5 叶期主要咬食玉米茎基部,形成 3 ~ 4 毫米圆形或椭圆形孔洞,切断营养输送,造成地上部玉米心叶萎蔫枯死。在玉米苗 8 ~ 10 叶期主要咬断玉米根部,包括气生根和主根,造成玉米倒伏,严重者枯死。

3. 发生规律和生活习性

二点委夜蛾主要在玉米气生根处的土壤表层处危害玉米根部,咬断玉米地上茎秆或浅表层根,受危害的玉米田轻者玉米植株东倒西歪,重者造成缺苗断垄,玉米田中出现大面积空白地。危害严重地块甚至需要毁种,二点委夜蛾喜阴暗潮湿、畏惧强光,一般在玉米根部或者湿润的土缝中生存,遇到声音或药液喷淋后呈"C"形假死,高麦茬、厚麦糠为二点委夜蛾大发生提供了主要的生存环境,二点委夜蛾比较厚的外皮使药剂难以渗透是防治的主要难点,世代重叠发生是增加防治次数的主要原因。

4.防治措施

(1)农业措施

1)深耕冬闲田 4 月结合棉花等春播作物的播种,对前茬为棉田、豆田等冬闲田且没有秋耕的地块进行深耕,破坏二点委夜蛾越冬幼虫的栖息场所,减少虫源基数。

2)播前灭茬 小麦收割时在收割机上挂上旋耕灭茬装置,粉碎小麦秸秆;同时在麦田施用秸秆腐熟剂,既可恶化害虫生活环境,有效减轻二点委夜蛾危害,又可提高玉米播种质量,达到齐苗壮苗。

3)清除玉米苗根基的覆盖物 及时清除玉米苗周围的麦秸和麦糠,减少二点委夜蛾适生环境,消除对其发生的有利条件。一旦发生幼虫危害,及时清洁田间囤聚在玉米苗基部的麦秸后用药围棵保苗,可以大幅度提高防治效果。

(2)物理防治 麦收时开始到玉米 6 叶前利用诱虫灯对二点委夜蛾成虫进行大面积诱杀,有条件地区按 30 ~ 50 亩 1 盏灯布灯诱杀,减少夏玉米田间落卵量,降低虫源基数,减轻危害。

(3)化学防治

1)种子处理 利用 70% 吡虫啉可湿性粉剂拌种或含有上述成分的种衣剂包衣,在控制地下害虫的基础上,可以兼治二点委夜蛾。

2)播后苗前喷雾 对未旋耕麦田,在夏玉米播后出苗前,结合玉米田"封"、"杀"除草加入有机磷农药,或选用有机磷农药全田喷雾,尽量选用高压喷雾器打透覆盖的麦秸,杀灭在麦秸上产卵的成虫、卵及在小麦自生苗上取食的低龄幼虫。使用药剂可选用毒死蜱、辛硫磷乳油和阿维菌素等药剂,避免单独使用菊酯类农药。

3)苗后喷雾 在玉米 6 叶期前,防治二点委夜蛾幼虫,将喷头拧下,顺垄喷洒药液,或用喷头直接喷根茎部,直接毒杀大龄幼虫。

4)毒饵诱杀 用毒死蜱乳油或辛硫磷 + 敌敌畏 + 碎青菜叶(或杂草)+ 炒香的麦麸,对水到可握成团制成毒饵,于傍晚顺垄放置撒于经过清垄的玉米根部周围,不要撒到玉米上。

5)撒毒土 用毒死蜱或辛硫磷制成毒土均匀撒于经过清垄的玉

米根部周围,但要与玉米苗保持一定距离。

六、黏虫 (图 11 – 15)

黏虫又称剃枝虫、行军虫,是一种以危害粮食作物和牧草的多食性、迁移性、暴发性大害虫。取食各种植物的叶片,大发生时可把作物叶片食光,而在暴发年份,幼虫成群结队迁移时,可以将所有绿色植物叶片全部吃光,造成大面积减产或绝收。

图 11 – 15　黏虫危害玉米症状

1. 形态识别

玉米黏虫属鳞翅目夜蛾科。可危害玉米、麦类、高粱、谷子、水稻等作物和牧草等 10 多种植物。以幼虫危害玉米等作物。幼虫一般 6龄,头黄褐色,有两条"八"字形纹,体色变化大,因食料、环境和虫口密度不同而有变化。老熟幼虫体长 38 毫米左右,头部淡黄褐色,沿褪裂线有褐色纵纹,呈"八"字形。成虫淡黄褐色,触角丝状,前翅中央有 2 个近圆形淡黄斑,1 个小白点,其两侧各有一小黑点,后翅基部灰白,端部黑褐色。

2. 危害症状

1～2 龄幼虫危害叶片造成孔洞,3 龄以上幼虫危害玉米叶片后,被害叶片呈现不规则的缺刻,暴食期时,可吃光叶片。大发生时可以将所有绿色作物叶片全部吃光,造成严重的生产损失。

3. 发生规律

黏虫在中国南、北方均有发生。从北到南 1 年可发生 2～8 代。成虫对糖醋液和黑光灯趋性强,有假死性,群体有迁飞特性。昼伏夜出,夜间取食、交配、产卵。在玉米苗期,卵多产在叶片尖端,成株期卵多产在穗部苞叶或果穗的花柱等部位。边产卵边分泌胶质,将卵粒粘连成行或重叠排列粘在叶上,形成卵块。幼虫主要危害玉米等禾本科作物和杂草。幼虫孵化后,群集在裹叶内。1～2 龄幼虫取食叶肉,留下表皮,3 龄后吃叶成缺刻,5～6 龄达暴食期,蚕食叶片,啃食穗轴。幼虫老熟后,钻入寄主根旁的松土内做土室化蛹。

黏虫喜好潮湿而怕高温干旱,相对湿度 75% 以上,温度 23～30℃利于成虫产卵和幼虫存活。但雨量过多,特别是遇暴风雨后,黏虫数量又明显下降。

4. 生活习性

成虫对黑光灯有趋性,对糖醋液趋性更强。卵产在枯叶或绿叶尖端的皱缝处。幼虫为杂食性,食量随龄期而增加,6 龄期食量最大,最喜食禾本科植物。多群集迁移,有"行军虫"之称。

5. 防治措施

(1) 物理防治　诱杀成虫可在蛾子数量开始上升时起,用糖醋液(糖 3 份、醋 4 份、白酒 1 份、水 2 份)或其他发酵有甜酸味的食物配成诱杀剂,诱杀剂再加入 90% 敌百虫拌匀,放在盆里深 3.3 毫米左右,盆要高出玉米 30 毫米,傍晚摆放田间,每 0.3～0.7 公顷一盆,第二天清晨把死蛾取出,盖好盖子,傍晚再放置地里。诱集产卵可从产卵初期开始直到盛末期止。

（2）保护和利用天敌　黏虫的天敌种类很多，如鸟类、蛙类、蝙蝠、蜘蛛、线虫、螨类、捕食性昆虫、寄生性昆虫、寄生菌和微生物等等。其中步甲可捕食大量黏虫幼虫；黏虫寄蝇对一代黏虫寄生率较高；麻雀、蝙蝠可捕食大量黏虫成虫；瓢虫、食蚜虻和草蛉等可捕食低龄幼虫。保护天敌生活环境，增加天敌数量，能够有效地防治黏虫。

（3）化学防治　在玉米苗期，黏虫幼虫数量达到每百株 20～30 头，或者玉米生长中后期每百株幼虫 50～100 头时，在幼虫 3 龄前，及时喷施杀虫剂，每公顷用灭幼脲 1 号 15～30 克，或灭幼脲 3 号 5～10 克，加水后常量喷雾或超低容量喷雾，田间持效期可达 20 天。

七、金龟子（图 11 - 16）

蛴螬是金龟子的幼虫，别名白土蚕、核桃虫；成虫通称为金龟甲或金龟子。

图 11 - 16　金龟子危害玉米症状

1. 形态识别

蛴螬体肥大，体形弯曲呈"C"形，多为白色，少数为黄白色。头部褐色,上颚显著,腹部肿胀。体壁较柔软多皱,体表疏生细毛。头大而圆,多为黄褐色,生有左右对称的刚毛,刚毛数量的多少常为分种的特征。如华北大黑鳃金龟的幼虫为 3 对,黄褐丽金龟幼虫为 5 对。蛴螬具胸足 3 对,一般后足较长。腹部 10 节,第 10 节称为臀节,臀节上生有刺毛,其数目的多少和排列方式也是分种的重要特征。

成虫椭圆或圆筒形,体色有黑、棕、黄、绿、蓝、赤等,多具光泽,触角鳃叶状,足 3 对;幼虫长 30 ~ 40 毫米,乳白色、肥胖,常弯曲成马蹄形,头部大而坚硬、红褐色或黄褐色,体表多皱纹和细毛,胸足 3 对,尾部灰白色、光滑。

2. 危害症状

幼虫咬食玉米细嫩的根部及叶鞘,造成缺苗断垄。

3. 发生规律

完成 1 代需 1 ~ 6 年,除成虫有部分时间出土外,其他虫态均在地下生活,以幼虫或成虫越冬。成虫有夜出型和日出型之分,夜出型有趋光性,夜晚取食危害;日出型白昼活动。

蛴螬年生代数因种、因地而异。这是一类生活史较长的昆虫,一般 1 年 1 代,或 2 ~ 3 年 1 代,长者 5 ~ 6 年 1 代。如大黑鳃金龟 2 年 1 代,暗黑鳃金龟、铜绿丽金龟 1 年 1 代,小云斑鳃金龟在青海 4 年 1 代,大栗鳃金龟在四川甘孜地区则需 5 ~ 6 年 1 代。蛴螬共 3 龄。1 龄、2 龄期较短,第 3 龄期最长。

4. 生活习性

蛴螬 1 ~ 2 年 1 代,幼虫和成虫在土中越冬。成虫即金龟子,白天藏在土中,20 ~ 21 点进行取食等活动。蛴螬有假死和负趋光性,并对未腐熟的粪肥有趋性。成虫交配后 10 ~ 15 天产卵,产在松软湿润的土壤内,以水浇地最多,每头雌虫可产卵 100 粒左右。白天藏在土中,20 ~ 21 点进行取食等活动。幼虫蛴螬始终在地下活动,与土壤温湿度关系密切。当 10 厘米土温达 5℃ 时开始上升土表,13 ~ 18℃ 时活动最盛,23℃ 以上则往深土中移动,至秋季土温下降到其活动适宜范围时,再移向土壤上层。

5. 防治措施

蛴螬种类多,在同一地区同一地块,常为几种蛴螬混合发生,世代重叠,发生和危害时期很不一致,因此只有在普遍掌握虫情的基础上,根据蛴螬和成虫种类、密度、作物播种方式等,因地因时采取相应的综合防治措施,才能收到良好的防治效果。

(1)做好预测预报工作 调查和掌握成虫发生盛期,采取措施,及时防治。

(2)农业防治 实行水、旱轮作;在玉米生长期间适时灌水;不施未腐熟的有机肥料;精耕细作,及时镇压土壤,清除田间杂草;大面积春、秋季耕,并跟犁拾虫等。发生严重的地区,秋冬季翻地可把越冬幼虫翻到地表使其风干、冻死或被天敌捕食,机械杀伤,防效明显;同时,应防止使用未腐熟有机肥料,以防止招引成虫来产卵。

(3)药剂处理土壤 用50%辛硫磷乳油每亩200~250克,加水10倍喷于25~30千克细土上拌匀制成毒土,顺垄条施,随即浅锄。或将该毒土撒于种沟或地面,随即耕翻或混入厩肥中施用;用2%甲基异柳磷粉每亩2~3千克拌细土25~30千克制成毒土;用3%甲基异柳磷颗粒剂、3%呋喃丹颗粒剂、5%辛硫磷颗粒剂或5%地亚农颗粒剂,每亩2.5~3千克处理土壤。

第十二章

玉米地常见杂草及防除策略

本章导读： 玉米田杂草种类繁多，危害不可低估。本章介绍了玉米田禾本科、莎草科及阔叶类等主要杂草的识别、生长规律与防除策略。

黄淮海夏播玉米区是我国玉米最大的种植区。该地区属暖温带，一年二熟，多为玉米、小麦轮作，也有玉米与大豆、花生等套作。主要杂草种类有马唐、马齿苋、牛筋草、田旋花、藜、画眉草、狗尾草、其危害面积分别达到 73%、17%、15%、12%、10%、7% 和 4%；这些杂草的出现频率分别达 99%、77%、81%、55%、49%、50% 和 66%。该区玉米田草害面积达 82%～96%，其中中等以上危害面积达 64%～66%。根据播种期分为春玉米和夏玉米，其杂草发生特点有明显的差异。春播玉米播种时气温较低，一般在是平均气温 10～12℃，玉米前期生长缓慢，田间空隙大，自玉米播种后杂草就开始大发生，杂草和玉米几乎同步生长，随着气温上升，杂草发生进入高峰；一般发生期长，出苗不整齐。夏玉米播期一般在 6 月上中旬，温度较高，玉米与杂草生长较快，在墒情较好时杂草发生集中，一般在播种后 10 天即达出苗高峰，15 天出苗杂草数可达杂草总数的 90%，播种后 30 天出草 97% 左右。玉米田杂草的发生与多种因素有关，如遇灌水或降水，可以加快杂草的发生，易于形成草荒，而干旱时出苗不齐。

第一节
禾本科杂草及防除策略

一、禾本科杂草

影响玉米生长的禾本科杂草可以分为一年生杂草和多年生杂草。

1. 一年生杂草

主要有稗草、牛筋草、画眉草、马唐、绿狗尾草、金狗尾草等。

（1）稗草　别名芒早稗、水田草、水稗草等，主要生长于沼泽地带、溪水沟渠旁、低洼荒地及稻田。

（2）牛筋草　别名蟋蟀草、油葫芦草，广泛分布于全国各地。

（3）画眉草　又叫作星星草、秀花草，分布于全国各地。

（4）马唐　别名假马唐、糯米草，分布于全国各地。

（5）绿狗尾草　也叫作狗尾草、狗尾巴花、谷莠子。

（6）金狗尾草　别名金色狗尾草、金谷莠子，主要生长于路旁、荒地、山坡上，分布于全国各地。

2.多年生杂草

多年生杂草主要有芦苇、狗牙根两种。

（1）芦苇　别名苇子、芦、芦笋，多生长于低湿的地带或者浅水以及沼泽中，在我国有广泛的分布。

（2）狗牙根　别名绊根草、爬根草、感沙草、铁线草。广泛分布于我国各地，多数生长于村庄附近、道旁河岸、荒地山坡，其根茎蔓延能力很强，广泛分布于地面，是良好的固堤保土植物，常常用来铺建草坪或球场，当其生长于果园或耕地时是比较难以除灭的有害杂草。

二、防除策略

对于禾本科杂草可以采用化学除草，禾本科杂草敏感的除草剂有：乙阿合剂、乙草胺、都尔、阿宝桶混剂等多种药剂。在玉米田使用时要注意不要让人直接接触到农药，如果不小心接触到农药，应当及时清洗干净。如果发生过敏或中毒事件要及时送医院进行治疗。

第二节
莎草科杂草及防除策略

一、莎草科杂草

莎草科杂草主要有香附子和碎米莎草。

1. 香附子

又叫作仁香、香头草、臭头草、三棱草、莎草,在世界各地均有分布,在我国除在东北地区分布外,主要分布于秦岭山脉以南地区。

2. 碎米莎草

别名莎草、三棱莎草、三角草、无头土香,主要生长于田间、山坡、路旁阴湿处,全国大部分地区均有分布。

二、防除策略

对于莎草科杂草采用化学除草剂可以考虑使用丁草胺、玉农乐等。

第三节
阔叶杂草及防除策略

一、阔叶杂草

1. 菊科杂草

一年生菊科杂草主要有鬼针草、狼把草、苍耳;越年生杂草主要有苦苣菜、小飞蓬;多年生杂草主要有刺儿菜。

2. 桑科杂草

别名来莓草、山苦瓜、铁五爪龙、苦瓜草、乌仔曼、拉拉藤、五爪龙、大叶五爪龙、拉狗蛋、割人藤、穿肠草,广布于全国各地,为田间、野地常见杂草。

3. 藜科杂草

一年生草本植物,有藜、地肤、猪毛蒿。

(1)藜　别名灰菜,广布全国各地,主要危害小麦、玉米、谷子、大豆、棉花、蔬菜、果树等农作物。

(2)地肤　别名地麦、扫帚苗,多生于宅旁隙地、园圃边和荒废田间,全国都有分布。

(3)猪毛蒿　别名猪毛菜,又叫扎蓬蒿,多为原野、荒地、田地间生长。

4. 马齿苋杂草

马齿苋,别名长命菜、五行草、安乐菜、酸米菜、长寿菜。

5. 大戟科杂草

铁苋菜,一年生草本植物,别名人苋、血见愁、海蚌含珠、野麻学,生于山坡、荒地、路旁及耕土中,多分布于长江及黄河中下游、沿海及西南、华南、华北各省区,东北地区分布不多。

7. 苋科杂草

又名反枝苋,一年生草本植物,别名苋菜、野苋菜,分布在东北、华北和西北,其他各省也有。

7. 石竹科杂草

又名牛繁缕。多年生阔叶杂草,别名鹅儿肠、鹅肠菜,生于荒地、路旁及比较阴湿的草地,广泛分布于全国各地。

二、防除策略

对于阔叶杂草类的主要除草剂有:阿宝桶混剂、宝成、玉农乐、2,1-D丁醋、禾耐斯、阿特拉津等。

第十三章

农药的使用及药害防治

本章导读：玉米生产过程中病虫草害时有发生，农药使用不可避免，只有科学、正确地使用农药，才能确保药效，达到增产增效的目的。本章主要介绍了农药的种类、性质、毒性等，并提出了农药合理使用的方法及注意事项。

农药是防治农作物病、虫、草、鼠害,有效地保障农业增产、增收的重要生产资料之一,化学农药的广泛使用对农业发展起了巨大的作用,但同时又给食品的安全带来严重的问题,也就是说农药是一柄"双刃剑"。在引起农产品污染的重金属、农业"三废"、亚硝酸和农药等几个因子中,农药由于其品种多,毒性高,使用面积大,施用技术难度大,而成为目前农产品安全问题的核心。而农药不合理使用所造成的人畜中毒频繁、作物药害普遍、环境污染严重、农产品农药残留超标、生态环境恶化等问题,不仅严重制约着无公害绿色食品可持续发展,而且对人们的生命安全造成很大的威助,很多农民在农药安全使用存在诸多问题,应当引起各部门的高度重视。而抓好生产过程中农药安全使用和监督管理工作,引导农民科学合理使用农药,开展技术培训,培养新型农民,提高农民安全、科学用药意识和用药水平是对发展无公害农产品生产和解决上述问题的核心所在。

第一节
农药的分类

农药是指能防治农林作物病、虫、草、鼠害及调节植物生长的各种药剂。如杀虫剂(包括杀螨剂)、杀菌剂、除草剂、杀鼠剂和植物生长调节剂等。为了管理和使用方便,又将农药分成多种类型和加工成多种剂型。

一、按性质分类

可分为化学农药、生物农药。

1. 化学农药

又可分为有机农药和无机农药两大类。有机农药是一类通过人工合成的对有害生物具有杀伤能力和调节其生长发育的有机化合物,如敌敌畏、三氯杀螨醇、粉锈宁、氟乐灵、毒鼠磷等。这类农药的特点是:药效高、见效快、用量少、用途广,可满足不同的需要,现已成为使用最多的一种农药。但也有缺点:使用不当会造成污染环境和植物产品的污染,某些品种对人高毒。无机农药包括天然矿物在内,可直接用来杀伤有害生物。如硫黄、硫酸铜、磷化锌等。这类农药的特点是:品种少,药效低,对作物不安全。已逐步被有机农药所代替。它的优点是:成本低。

2. 生物农药

分微生物农药和植物性农药。是用生物活体(主要是微生物)及其代谢产物加工而成的农药,这类农药与有机农药相比,具有对人畜低毒、选择性强、易降解、不污染环境和植物产品的优点。如苏云金杆菌、绿僵菌、核多角体病毒、鱼藤、烟草、除虫菊等。

二、按用途分类

可分为杀虫剂、杀螨剂、杀菌剂、杀鼠剂、杀线虫剂、除草剂、杀软体动物剂和植物生长调节剂。

1. 杀虫剂
用于防治有害昆虫的药剂,如灭扫利等。

2. 杀螨剂
用于防治有害螨的药剂,如克螨特、速螨酮等。

3. 杀菌剂
用于防治植物病原微生物的药剂,如霜脲锰锌等。

4. 杀线虫剂
用于防治植物病原线虫的药剂,如米乐尔等。

5. 除草剂

用于防除田间杂草的药剂,如除草通等。

6. 杀鼠剂

用于防治害鼠的药剂,如溴敌隆、敌鼠钠盐等。

7. 杀软体动物剂

用于防治有害软体动物的药剂,如防治蜗牛、蛞蝓等软体动物门的灭旱螺等。

8. 植物生长调节剂

用于调节、促进或抑制植物生长发育的药剂,如乙烯利(用于催熟)、赤霉素(用于刺激生长)、矮壮素(用于抑制生长)、九二零等。

三、按其作用方式分类

1. 杀虫剂的作用方式

(1)触杀作用 药剂通过昆虫表皮进入体内发挥作用,使虫体中毒死亡。此类农药用于防治各种类型口器的害虫。通常只有触杀作用的农药较少,大多数农药还具有胃毒作用。如拟除虫菊酯杀虫剂、有机磷杀虫剂、氨基甲酸酯类杀虫剂等。

(2)胃毒作用 药剂通过昆虫口器进入体内,经过消化系统发挥作用,使虫体中毒死亡。此类农药主要用于防治咀嚼式口器的害虫,对刺吸式口器害虫无效。大多数有胃毒作用的农药也具有触杀作用。如甲基异柳磷、辛硫磷等。

(3)熏蒸作用 某些药剂可以气化为有毒气体,或通过化学反应产生有毒气体,通过昆虫的气门及呼吸系统进入昆虫体内发挥作用,使虫体中毒死亡。此类农药往往用于密闭条件下,例如在温室大棚中。如有机磷杀虫剂敌敌畏、溴甲烷等。

(4)内吸作用 药剂使用后通过叶片或根、茎被植物吸收,进入植物体内后,被输导到其他部位。如通过蒸腾流由下向上输导,以药剂有效成分本身或在植物体内代谢为更具生物活性的物质发挥作

233

用。此类农药主要防治刺吸式口器害虫。如氧乐果、乙酰甲胺磷等。

此外,还有具有拒食作用、引诱作用、不育作用、昆虫生长调节作用等的杀虫剂。很多杀虫剂同时具有几种作用。在一定条件下,杀虫剂可以发挥一种作用,也可以发挥几种作用。

2.杀菌剂的作用方式

(1)保护作用 杀菌剂在病原菌侵染前施用,可有效地起到保护作用,消灭病原菌或防止病原菌侵入植物体内。此类农药必须在植物发病前使用。如百菌清、大生。

(2)治疗作用 杀菌剂在植物发病后,通过内吸作用进入植物体内,抑制或消灭病原菌,可缓解植物受害程度,甚至恢复健康。如多菌灵、甲基硫菌灵等。

(3)铲除作用 杀菌剂直接接触植物病原并杀伤病原菌,使它们不能侵染植株。此类药剂作用强烈,多用于处理休眠期植物或未萌发的种子或处理土壤。如石硫合剂。

3.除草剂的作用方式

(1)触杀性 药剂使用后杀死直接接触到药剂的杂草活组织。只杀死杂草的地上部分,对接触不到药剂的杂草地下部分无效。在施用此类农药时要求喷药均匀。如百草枯。

(2)内吸性 药剂施用于植物体上或土壤内,通过植物的根、茎、叶吸收,并在植物体内传导,达到杀死杂草植株的目的。如草甘膦。

第二节

农药的剂型

目前大多数人工合成的有机农药,田间使用量都较少,要使这些农药均匀覆盖在大面积的农林作物上,需要按其理化性能、使用目的等,将农药原药加工成不同的剂型,以方便大田生产上施用。所谓农药的剂型,是指根据原药特性、使用目的和要求等,将其加工成的形态。目前生产中常用的农药剂型有以下几种。

一、可湿性粉剂

可湿性粉剂是农药剂型中生产和使用量最多的剂型之一。用原药、填料和一定的助剂,如湿润剂、分散剂等,经过机械磨成很细的粉状混合物。如50%甲霜灵可湿性粉剂等,这种剂型在植物上黏附性好,药效比同种原药的粉剂都好,且使用方法较多。可用作喷雾、拌种、配制毒土、毒饵、灌心、泼浇和土壤处理等。可湿性粉剂的优点是加工成本低、贮运安全、方便,有效成分含量高,喷洒的雾滴较小,黏着力强。缺点是对润湿剂和粉粒细度要求较高,悬浮率的高低直接影响防治效果,并易造成局部性药害。其防治效果优于粉剂,接近乳油。

二、粉剂

将原料和填料及稳定剂按一定比例混合后,经机械粉碎、研磨、混匀,制成的粉状混合物,是一种常用剂型。粉剂的质量指标有:有效成分含量、粉粒细度、分散性等。粉剂有效成分一般在10%以下。粉剂要求有一定的粉粒细度,95%通过200号目筛,粉粒直径一般在30微米以下。因为10~30微米的粉粒不仅附着力强,而且增加了对生物体的接触面积,有显著的防治效果。它不溶于水,也不易被水湿润,且不能分散和悬浮于水中。因此,不能加水喷雾。施药时一般低浓度粉剂用喷粉器喷粉;高浓度粉剂用于拌种或土壤处理。在贮藏期间有效成分不分解,不结块变质。

粉剂的优点是资源丰富,便宜,易得,加工成本较低,施药方法简单,用途广泛,不受水源条件影响,工效高。缺点是施用时易飘移损失,污染环境,黏着力差,用量大,影响药效。一般情况下,粉剂药效低于乳油、可湿性粉剂。在使用时,如叶面较湿润,可提高药剂在叶面上的沉积和黏着性,提高药效和持效期,因此宜在早晨和傍晚及雨后使用。

三、乳油

农药原药、乳化剂和溶剂制成的透明油状液体,如 50% 敌敌畏乳油等。乳油制剂是目前生产使用数量最多的剂型之一,药效和黏着性均比同种原药加工的可湿性粉剂、粉剂等的效果好。乳油加水后搅拌成乳状液,可用作喷雾、泼浇、拌种、浸种、制成毒土、毒饵、毒谷和涂茎等。

四、颗粒剂

用煤渣、沙子或土粒等细颗粒吸附一定量的农药原药配成。颗粒剂药效期较长,使用药量相对较少,不易引起作物药害,对施药人员和害虫天敌也比较安全。主要用作穴施、条施和心叶撒施等。颗粒剂的优点是贮运方便,施用过程中,沉降性好,飘移性小,对环境污染小,可控制农药有效成分的释放速度,残效期长,施药方便,同时可使高毒农药低毒化,对施药人员安全。缺点是颗粒剂的加工成本比粉剂高。

五、胶悬剂

胶悬剂是 20 世纪 70 年代发展起来的一种剂型,是利用湿法进行超微粉碎,将农药细粉分散在水或油及表面活性剂中,形成的黏稠状可流动的液体。它能与水以任何比例混合,适用于喷雾、灌根等。悬浮剂的优点是悬浮颗粒小,分布均匀,喷洒后覆盖面积大,黏着力强,因而药效比相同剂量的可湿性粉剂高,与同剂量的乳油相当;生产、使用安全,对环境污染小;施用方便。

六、烟剂

用农药原药、燃料、助燃剂等,按一定的比例混合配成的片状、粉状混合物,适用于有一定密闭条件的环境,防治病、虫、鼠害。烟剂的优点是防治效果好,使用方便,工效高,劳动强度低,不需任何器械,不用水,药剂在空间分布均匀等。缺点是发烟时药剂易分解,棚膜破损药剂逸散严重;成本高,药剂品种少。

七、水剂

利用某些原药能溶解于水的特点,以水为溶剂,添加适宜的助剂直接配制成的药剂。水剂的优点是加工方便,成本较低,药效与乳油相当。缺点是在植物体上黏着力差,长期贮藏易分解失效,化学稳定性不如乳油。

第三节

农药的毒性

一、农药的毒性

农药的毒性是指农药对人畜等产生毒害的性能。农药的毒性分为急性毒性、慢性毒性、残留毒性及"三致"作用,是评价农药对人畜安全性的重要指标。

1.急性毒性

指一次性口服、吸入、皮肤接触大量农药,或短时间内大量农药进入体内,在短时间内表现出中毒症状。

2.慢性毒性

指口服、吸入或皮肤接触低剂量农药,药剂在人畜体内积累,引起内脏机能受损,使生理机能、组织器官等产生病变症状。

3.残留毒性

指农产品含有的农药残留量超过最大允许残留量,人畜食用对健康产生影响,引起慢性中毒。

4."三致"作用

指致畸、致癌、致突变作用。农药的毒性大小常用农药对试验动物的致死中量 LD 50、致死中浓度 LC 50、无作用剂量(NOEL)表示。致死中量 LD 50 为在一定条件下使一组实验动物群体中的 50% 发生死亡的剂量。致死中浓度 LC 50 为在一定条件下使一组实验动物群体中的 50% 发生死亡的浓度。致死中量越小,农药的毒性越高;反之,致死中量越大,农药的毒性越低。

二、农药毒性、药效和毒力的区别

☞ 农药的毒性指农药对人畜等产生毒害的性能;农药的药效指药剂施用后对控制目标(有害生物)的作用效果,是衡量效力大小的指标之一;农药的毒力指农药对有害生物毒杀作用的大小,是衡量药剂对有害生物作用大小的指标之一。

☞ 农药的毒性与毒力有时是一致的,即毒性大的农药品种对有害生物的毒杀作用强,但也有不一致的,比如高效低毒农药(因为农药在温血动物和昆虫体内代谢降解机制不同)。

☞ 农药的毒力是药剂本身的性质决定的;农药的药效除农药本身性质外,还取决于农药制剂加工的质量、施药技术的高低、环境条件是否有利于药剂毒力的发挥。毒力强的药剂,药效一般也高。

☞ 毒性是利用试验动物(鼠、狗、兔等)进行室内试验确定的;药效是在接近实际应用的条件下,通过田间试验确定的;毒力则是在室内控制条件下通过精确实验测定出来的。

第四节
农药使用方法与注意事项

农药的使用技术直接影响农药的防治效果。要达到理想的施药效果,首先要了解防治对象的发生规律、条件,掌握最佳时机进行防治,然后根据药剂选用适当的药械,采用正确的方法进行施药。农药的剂型和防治对象不同,使用方法也不同,应采用最佳的使用方法,以达到以最小的投资消灭病、虫、草、鼠等危害,取得最大的用药效益。

一、合理施用农药方法

1. 喷雾法

喷雾法是指用手动、机动或电动喷雾机将药液分散成细小的雾点,分散到作物或靶标生物上的一种施用方法。也是施药方法中最普遍、最重要的一种。直接黏附在植物或虫体上的一种施药方法。适合喷雾法使用的农药剂型有乳油、可湿性粉剂、水溶剂、干悬浮剂等。喷雾法的优点是药液可以直接接触防治对象,且分布均匀,见效比较快,防效比较好,方法简单易操作。不足之处一是容易造成漂移流失,药液易沾污施药人员,二是受水源的限制。根据单位面积的用药液量,可以分常量喷雾、低量喷雾和超低量喷雾。

2. 喷粉法

是粉剂农药的主要使用方法,它利用喷粉器械产生的气流把粉剂吹散,使粉粒覆盖在靶标及作物表面,并要求药粉能在靶区产生有效沉积,达到最好的防治效果。喷粉的质量受喷粉器械的质量、天气及粉剂本身质量的影响,风力大于 1 米/秒时不宜喷粉。一般要求早晨露水未干时进行喷粉,利用清晨的静风条件以及叶面潮湿容易黏着粉粒的特点,来解决过细的粉粒在喷散过程中易被气流吹走而不易有效沉积到靶区的矛盾。近年来,随着保护地种植技术的推广,在大棚或温室中采用喷粉法防治病害得到了广泛应用。大棚内不但施药不用水,而且温室环境密闭,药粉也不会漂移到别处,既节省药量,又能提高沉积量,在温室中使用的粉剂一般更细些,让药粉长时间在温室中漂移扩散,最后扩散到株间、叶间,使所有叶面都均匀沉积药粉。如5%百菌清粉剂在温室内防治黄瓜霜霉病,效果就很好。这种方法又叫"粉尘法施药技术",不定期受天气限制,除晴天阳光强时不宜施药外,阴、雨天和早、晚均可施用。喷药后要求闭棚 2 小时左右,且 3 天之内再喷雾,以免降低防治效果。

3. 撒施法

用颗粒剂、毒土(沙)、毒肥直接撒在田间的施药方法。撒施法适合土壤处理、水田施药及一些作物的心叶施药。甲基异柳磷制成毒土防治小麦吸浆虫、用辛硫磷颗粒剂丢心防治玉米螟等。

4. 熏蒸与熏烟法

利用常温下有效成分为气体的药剂或通过化学反应能生成具生物活性气体的药剂,以气体形成发挥毒效杀死害虫和病菌的方法。这类药剂沸点低、蒸汽压大、易挥发,如溴甲烷、氯化苦等典型的熏蒸剂,以原药施用,不必加工成剂型。磷化铝一般加工成片剂,施用后吸潮产生毒性很强的磷化氢气体发挥作用。敌敌畏熏蒸作用强烈,可用乳油或乳液在一定条件下施用发挥作用。实施熏蒸法防治通常应在密闭空间或相对比较密闭的环境下进行,使农药不易逸散而保持有效的毒杀浓度。主要用于收获的农产品、果树、苗木中的病虫。用于土壤中杀灭土壤中的病虫及杂草种子,居室的卫生害虫,温室大棚的病虫的防治。

熏烟法是利用热源或压缩空气、高速气流的作用下药剂自身的挥发作用,或在药剂中加入发烟剂或燃烧剂,使其燃烧而产生烟雾的一种施药方法,和熏蒸法一样,施药不用加水、工效高、农药覆盖好、渗透性强,可用于森林、果园、温室大棚、仓库等。

5. 种苗处理法

用农药对种子及苗木施药处理的方法,是一种比较节约的方法,集中对种子施药,将种子与药剂混合均匀,使种子外表覆盖药剂,同时防治种传、土传病害和地下害虫。按处理方法可分为拌种、浸渍、闷种。

6. 涂抹法

是将农药的水溶液、乳浊液、悬浮液,通过特定的工具,涂抹在作物上,杀死和预防病、虫、草害的方法。如苹果的腐烂病,在开春刮除病斑后,涂抹九二八一等药剂。

7.土壤施药法

是将液体或固体或气体状农药喷、撒施在土面或耕翻于土层下，或直接灌于土层，防治病虫及杂草的方法。又称土壤消毒。常有撒施、沟施和株施。

8.毒饵法

用害虫喜爱食的食物，如豆饼、花生饼、麦麸作饵料，加适量的水拌和，再加上具有胃毒作用的农药，如敌百虫、辛硫磷、对硫磷、久效磷等，拌匀而成。药剂量一般为饵料量的 1% ~ 3%，每亩用饵料 1.5 ~ 2 千克，在作物播前撒在播种沟里或随种子播下，在幼苗期施药，可将毒饵撒在幼苗基部。最好用土覆盖，以提高毒饵的残效期。地面撒施毒饵，以傍晚，尤其是以雨后效果最好，毒饵法对防治蝼蛄、地老虎、蟋蟀效果很好。对金针虫和蛴螬也有一定的效果，还可防治蝗虫。施用时要防止人畜中毒。

二、合理使用农药注意事项

1.正确掌握施药适期

应选择最易杀伤害虫，并能有效控制危害的阶段进行。对食叶害虫和刺吸式口器害虫一般应在低龄幼虫、若虫盛发期防治为好；对钻蛀性害虫一般应在卵孵盛期防治为好。对于防治病害来说，易感病的生育期都是防治适宜时期。

杂草，以种子繁殖的杂草，在幼芽或幼苗期对除草剂比较敏感。因此，这一时期就作为防除杂草的适期。害鼠，毒饵的投放宜掌握在鼠类断食阶段和大量繁殖前最好，因而春季防鼠效果最好。作物，药剂对作物的安全性是确定施药适期的先决条件。

2.对症下药

根据病虫草种类和农药的性能选用适当的品种，做到对症下药。

3.浓度和用量最要适当

用药浓度和用量是根据科学试验结果和群众实践经验而制定

的,因此要防止盲目加大药剂浓度和药量,防止定期普遍施药,防止配药时不称不量,随手倒药的不合理做法。

4. 讲究防治方法和用药质量

在田间施药时,要细致周到,讲究质量。根据病虫在作物上危害的部位,把农药用在要害处。不同的农药剂型,应采用不同的施药方法。一般来说,乳剂、可湿性粉剂、水剂等以喷雾为主;颗粒剂以撒施或深层施药为主;粉剂以撒毒土为主;内吸性强的药剂,可采用喷雾、泼浇、撒毒土法等;触杀性药剂以喷雾为主。危害上部叶片的病虫,以喷雾为主;钻蛀性或危害作物基部的害虫,以撒毒土法或泼浇为主;凡夜出危害的害虫,以傍晚施药效较好。

5. 合理轮换和混用农药

某一种病虫长期使用某一种农药防治,就会产生抗药性;而如果轮换使用性能相似而不同品种的农药,就会提高农药的防治效果。农药的合理混用不但可以提高防效,而且还可扩大防治对象,延缓病虫产生抗药性。但不能盲目混用。否则,不仅造成浪费,还会降低药效,甚至引起人畜中毒等不良后果。混用时必须注意:

☞ 遇碱性物质分解、失效的农药,不能与碱性农药、肥料或碱性物质混用,一旦混用就会使这类农药很快分解失效。

☞ 混合后会产生化学反应,以致引起植物药害的农药或肥料,不能相互混用。

☞ 混合后出现乳剂破坏现象的农药剂型或肥料,不能相互混用。

☞ 混合后产生絮结或大量沉淀的农药剂型,不能相互混用。

☞ 注意人畜安全。在使用农药时,要严格遵照安全使用规程,防止中毒事故,同时要注意农药残毒问题。

参考文献

[1]程路,郭安红,延昊. 2012 年秋季气候对农业生产的影响
[J].中国农业气象,2013,34(1):121 – 122.

[2]高燕.普兰店冰雹气候统计分析及对农业生产的影响[J].
安徽农业科学,2009,37(35):17593 – 17594.

[3]李少昆,谢瑞芝,赖军臣,等.玉米抗逆减灾技术[M].北京:
金盾出版社,2010.

[4]刘京宝,杨克军,石书兵,等.中国北方玉米栽培[M].北京:
中国农业科学技术出版社,2012.

[5]吕雅琴,杨秀林.玉米田常见虫害的防治[J].现代农业,
2011,10:26 – 27.

[6]马俊峰,张学舜,唐振海,等.灌浆中后期阴雨寡照天气对玉
米产量的影响[J].中国种业,2013,2:46 – 47.

[7]汪黎明,王庆成,孟邵东.中国玉米品种及其系谱[M].上海:
上海科学技术出版社,2010.

[8]王杰.农药低剂量导致其抗性发展[J].世界农药,2011,4:
44 – 46.

[9]魏湜,曹广才,高洁,等.玉米生态基础[M].北京:中国农业
出版社,2010.

[10]吴元芝,黄明斌.土壤质地对玉米不同生理指标水分有效性
的影响[J].农业工程学报,2010,26(2):82 – 88.